U0416271

前　言

之所以编写这本书，是因为在2015年准备开始做商业珠宝设计的培训工作时，本打算用书店现有的书籍上课，但翻阅了国内大部分高校的设计教材后发现，可能是因为出版时间较早，书中设计内容陈旧、珠宝生产技术介绍滞后，对商业珠宝设计缺乏针对性。孔子曰：“取其上而得其中，取其中而得其下。”如果教材质量不高，又如何能教出优秀的学生呢?

既然如此，我决定编一本商业珠宝设计教材。于是参考了国内外一些教材编写的顺序，搜罗了大量的素材，针对课程内容专门创作了大量的设计作品，于2016年4月在第一期橙子珠宝设计课堂上开始使用，反响热烈，效果显著。当然，也发现了很多错误，并重新梳理修改，对内容又进行了补充完善；第二期课堂使用后，又发现新问题，又整理修改。一直到2019年第二十二期学员使用之后，基本上没发现明显的错误。

全书分上、中、下三篇。上篇（第1章至第5章）主要介绍珠宝的基础知识，帮助读者了解珠宝生产流程；中篇（第6章至第17章）主要介绍手绘技法、珠宝生产工艺，学习珠宝结构；下篇（第18章至第24章）主要介绍珠宝设计的基本法则和灵感来源。本书主要以商业珠宝为学习内容，旨在为高校学生学习商业珠宝设计提供参考资料，更是为兴趣爱好者学习珠宝设计提供一个入口。本书是初学者踏入珠宝设计的敲门砖，将会给读者开启一扇艺术的大门，为以后的设计之路打好基础。如果你的理想是在设计创作领域杀出一条血路，达到多数人无法企及的高峰，那么本书可能对你没多大用处；如果你是想了解珠宝设计的一些基础理论以及珠宝设计相关的知识，作为珠宝设计入门及进阶学习，此书大有帮助。

书中部分文字内容有所借鉴，400多幅手绘图均属原创，部分实物图片来源于网络，在此一并感谢。因为图片文字转载多次，无法找到出处，如使用了您的版权，请联系我。

感谢这二十二期学员针对本书提出的意见，是你们的指正与批评、鼓励与支持让此书得以面世。感谢一直在催促我出版此书的朋友，不是你们的美意，可能还得迟两年。感谢同事们的辛苦工作。

黄湘民

2019年10月1日

Contents 目

Contents

Contents

录

Contents

上篇 珠宝基础知识

设计基本理论知识必不可少
从源头开始
首先了解关于珠宝的发展史
其次是宝石的基础知识
生产流程
绘图工具
该了解的都先了解
做到胸有成竹方能游刃有余

第1章 珠宝首饰的发展史

学习目标：通过本章的学习，读者应掌握的基础知识有

1. 珠宝首饰的定义、起源以及种类
2. 珠宝首饰的装饰作用

珠宝设计是珠宝的灵魂，是人类艺术与天然材质的结合。——黄湘民

珠宝首饰设计理念因不同佩戴者有着不同的个性需求，不同国家民族拥有各异的人文特点，有的风格张扬，有的低调内敛，有的热情奔放，有的温文尔雅，有的时尚前卫，有的经典永恒。正是因为这些差异，才让珠宝世界更加异彩纷呈、美轮美奂。

随着人类科学、技术工艺与文化艺术的不断发展变化，珠宝的功能与内涵也发生了巨大的转变。它是人类文明历程上的见证，也是人类美学的载体。在当代，珠宝不再是单一的具有保值功能的首饰品。在互联网文化和艺术思潮的影响下，我们希望抛开传统的束缚和枷锁，在继承传统的珠宝首饰制作工艺时，结合当代的设计思维和全新的制作工艺，走进一个更自由、更广阔、更科学、更具有创意和美感的时代。丰富多样的珠宝设计题材和意境，使更多的人拥有能展示个性气质、陶冶情操的珠宝首饰。

一、珠宝首饰的定义

东汉许慎在《说文解字》中提到：“珠，蚌之阴精，从玉，朱声；宝，珍也，从玉，从贝，缶声。”这是古人对珠宝的定义。

早期定义： 珠宝首饰是指佩戴于头上的饰物，以发钗、步摇居多。

北朝马头鹿角金步摇　　清代翠镂空长纹簪

现代定义： 又称狭义珠宝首饰，是指用各种金属材料或宝玉石材料制成的饰品，由于大多使用稀贵金属和珠宝，所以价值较高，具有一定的保值功能。

采用22K哑光黄金金银丝打造出精美的心形图案耳环

Rachael SARC彩色碧玺、黄金钻石和铂金耳环

广义定义： 指用各种金属材料、宝玉石材料、有机材料以及仿制品制成，具有装饰及其他作用的装饰品。多使用低价值的材料，这种称为配饰。

Nature Bijoux法国耳饰

ORI TAO时尚耳饰

二、历史起源

战国"C"形弯曲的玉龙

最原始的珠宝首饰，大概可以追溯到遥远的旧石器时代，当时的人类就开始有意识地装饰和美化自身，佩戴一些兽骨和用石头串成的项链。

最初的佩戴者为男性，象征着力量、勇敢、英雄、智慧，所以现在人们应该感谢古代那些勇士们，是他们引领了现在的潮流。世界各地也发现旧石器时代晚期最早的人体饰物有动物牙齿、羽毛、石珠等。这些人体饰物均有一个十分显著的特点：光滑、规则、小巧、美观。而这些特点进一步表现了人们佩戴饰物形成的妆扮、自我炫耀、吸引异性的重要心理。这种心理起因源于生理本能的美感，而由这种起源衍变而来的"人体美化"功能是珠宝首饰最原始、最根本的功能。

在珠宝首饰的起源和发展过程中，除了人体美化功能，还存在着其他两个重要的功能：一是宗教功能；二是社会功能。珠宝首饰是在此基础上不断地发展和演变。

三、首饰的种类

珠宝首饰可以从风格、制作材料、装饰部位、用途等不同方面来进行分类。

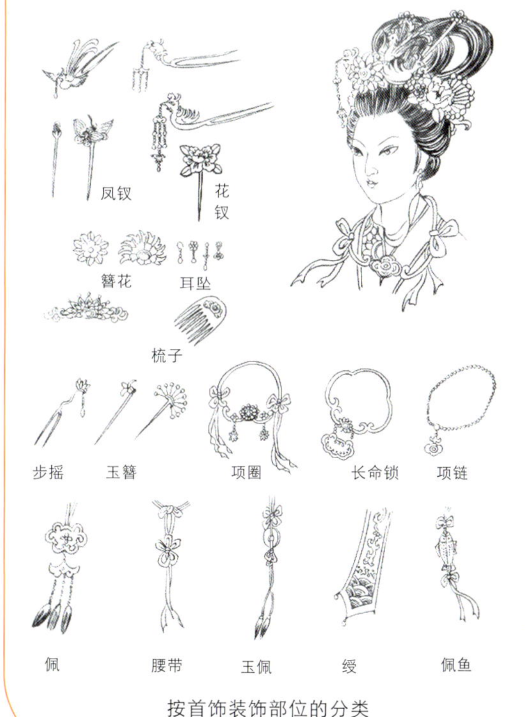

按首饰装饰部位的分类

按装饰部位分类

头饰：王冠、簪、钗、头花、发夹、步摇等；
脸饰：钿、花黄、美人贴等；
耳饰：耳环、耳坠、耳钉、耳钩、耳珰等；
鼻饰：鼻栓、鼻环、鼻贴、鼻钮等；
手饰：戒指、手镯、手链等；
臂饰：臂钏、手铃、手表等；
颈饰：项链、项圈；
胸饰：胸针、胸花、别针、领带夹等；
腰饰：腰带、腰链、腰坠、带扣等；
脚饰与腿饰：脚指环、脚镯、脚链、脚铃等。

按制作材料的不同分类

珠宝首饰按材料可分为贵金属首饰、宝石首饰、珍珠首饰以及人工材料制成的仿真首饰等。一般首饰的高、中、低档次也是以首饰所用材料材质来划分的。

按用途分类

根据首饰用途的不同，可分为纪念性首饰、保值首饰、馈赠首饰、装饰首饰等。

四、珠宝首饰的装饰作用

珠宝首饰不仅具有象征、纪念等意义，也能起到对人体装饰和美化的作用，更能反映出一个人的气质和品位。不同的人，有不同的脸型、体形、肤色、气质等，利用首饰可弥补一些缺陷。

脸的装饰作用

一般来说，脸最容易引人注意，能给人最直接的印象。而珠宝首饰，特别是耳环，能够对佩戴者的脸形起到很好的平衡作用，并且能够将注意力集中在珠宝首饰上，而忽视脸形的一些缺陷。

瓜子脸：此类脸形呈倒三角，上宽下尖。对于瓜子脸形的人来说，耳饰则是其最应选择的装饰物。在腮部做适当的装饰，不仅可以弥补脸部的宽度，更能使整个脸形看起来圆润一些。耳饰可以挑选一些稍微偏长的耳坠，长度最好控制在和嘴巴持平的位置，通过耳饰的摆动来填补腮部缺少的空间。反之，过大贴耳的耳饰，则会给人一种尖嘴猴腮的感觉。

瓜子脸形佩戴流苏状或者水滴状等略带立体感的耳饰，可以平衡下巴过尖的效果，让脸部线条看起来圆润

圆脸：圆脸形的人装饰的原则是使脸颊两边变窄，圆脸佩戴两个圆耳环很像米老鼠，因此不宜佩戴圆耳环，最好是佩戴较长的耳环或三角形、水滴形耳环，塑造上下伸展的视觉效果，以减小脸颊的宽阔感。

鹅蛋型：东方女性传统的标准脸形。佩戴任何形状的耳环都适宜，但是选戴耳环的时候要注意与自身整体感觉相符，可适当佩戴一些柔和的耳环作为装饰，如珍珠形、水滴形、圆圈状或卵形的耳环。

方脸：这类脸形上下方、中间长，因此应选择能增加脸部中线宽度的耳环。如椭圆形、花形、心形的耳环，可以很好地缓和修饰脸部棱角的效果，但尽量不要佩戴方形耳环。

方脸可利用圆形和设计感强的耳饰，不但充满魅力又可增添一分高贵气质

手的装饰作用

瘦短型手：选配的珠宝首饰要小巧，不宜过大，否则会使手指看起来更加单薄，给人一种不堪重负的感觉。戒指也不宜同时佩戴在多个手指上，以免给人一种累赘感。另外，从造型上，也应选择具有“拉伸”效果的戒指。

细长型手：是比较完美的手型，大部分女性属于这一类手型，手掌宽度适中，手指修长，这种手指是佩戴戒指的最佳手型。任何色彩、任何款式的戒指戴在这种手指上都会熠熠生辉，拥有这样手指的人没有佩戴禁忌。

粗大型手：修饰方向就是如何能让手指看起来更细、更秀美，因此要选择大小适中的戒指。另外，在造型上，不要选择图案横向排列的戒指，那样会显得孔武有力。如果手型实在太丑，尽量就别戴吸眼球的戒指了。

脖子的装饰作用

项饰的选择也很关键。脸部类型为上宽下窄的，尽量不要选择“V”形的项链，因与脸形相类似，使得下巴尖锐的感觉更加强烈。另外，脖子肥胖的人不要选择过细的颈链，容易被脖子上的肉遮盖，出现尴尬的情况。

瓜子脸形佩戴的项链不宜太长，最好佩戴圆珠状的宝石项链，或佩戴细而短的颈链

思考练习

古代首饰和现代首饰有何异同？购买珠宝时应如何选择？

第2章 宝石学基础知识

学习目标：通过本章的学习，读者可掌握宝石的一些基本知识有

1. 宝石的分类
2. 宝石的加工工艺及切磨形态
3. 贵金属的基本知识

珠宝设计师应该让别人的生活因为有了宝石的点缀而更加灿烂。——黄湘民

广义的宝石和玉石（以下简称宝石），贯穿人类社会发展整个历程。“石之美者，谓之玉”。中华民族更是有几千年的玉文化史。科学技术的发展，尤其是与珠宝知识相关的结晶学、矿物学、物理学等学科的发展，促进了人们对宝石的认识，使宝石的定义越来越科学。狭义的宝石，专指符合工艺美术要求的天然单矿物晶体以及矿物集合体。

一般来说，只有满足以下3个基本条件才能称为宝石：美观、稀少、耐久。

美观：具有外观美丽的特性，包括颜色、光泽以及透明度，或因切割和琢磨形成的特殊光学效应等多方面。这种美或表现为绚丽的颜色，或表现为透明而洁净的视觉冲击，或具特殊的光学效应（如猫眼、变彩等），或具特殊的图案花纹（如菊花石、苔丝玛瑙、梅花玉等）。

稀少：包括其产量、产地、品种、品质等的稀缺性。俗话说“物以稀为贵”，宝石，因稀有和罕见而名贵。

耐久：不易受损，取决于物理性质，包括硬度、韧性，同时也取决于化学稳定性，包括耐热、耐光或因化学反应造成的物理或化学变化。

不得不说的是，自然界中能满足上述条件的宝石材料很少，已知的天然矿物约4000余种，而能作为宝石的，只有200余种，其中，常见的仅有20余种。

德国矿物学家弗莱德奇·摩氏对矿物的摩氏硬度（H）做出了分级，此分级标准沿用至今。

摩氏硬度 →

低	滑石	石膏	方解石	萤石	磷灰石	正长石	石英	黄玉	刚玉	钻石	高
	1	2	3	4	5	6	7	8	9	10	

彩色宝石

钻石
白珍珠
黑珍珠
金珠
黄尖晶
猫眼石
锰铝榴石
钛晶
玛瑙
火欧泊
葡萄石
翡翠
黑欧泊
沙弗莱石
祖母绿
双色碧玺
西瓜碧玺
孔雀石
托帕石
海蓝宝石
蓝宝石
蓝尖晶
月光石
绿松石
星光蓝宝石
紫尖晶
紫黄晶
舒俱来石
摩根石
粉尖晶
粉色蓝宝石
红碧玺
红宝石
红纹石
珊瑚

一、宝石的分类

本书参照中华人民共和国国家标准《珠宝玉石名称》（GB/T16552—2017）中有关规定对宝石进行分类命名。鉴于相关学科发展的标准变更，不在本书参照范围内。

按照珠宝玉石的成因，在国际标准中，可将珠宝玉石分为天然珠宝玉石（天然宝石、天然玉石、天然有机宝石）和人工宝石（合成宝石、人造宝石）。

按实用价值分类可分为贵重宝石和其他宝石。

贵重宝石

这里特指传统的，历来被人们所珍视的价值高的宝石，常因地域认知的不同而略有不同，这里取较统一的说法——五大宝石：钻石、红宝石、蓝宝石、祖母绿和猫眼石。

钻石：矿物名为金刚石，被誉为“宝石之王”，是自然界最硬的物质，其摩氏硬度为10，具有极高的抗磨损能力和化学稳定性，光泽强，持久闪耀。然而其脆性也使其在用力碰撞下容易碎裂。钻石以无色透明大颗粒且切工优异者为佳。红、粉、紫、蓝、绿、黄、白、黑等彩色钻石因罕见而被视为珍品。主要产于南非、澳大利亚、俄罗斯等地。

衡量钻石品质标准：质量（Carat）、净度（Clarity）、色泽（Colour）和切工（Cut），即钻石4C标准。

1克拉（ct）= 200毫克（mg）= 0.2克（g），1克拉又可分为100分，1分又分为10厘，以用作计算较为细小的钻石。越重的钻石体积越大，越大的钻石越稀有，每克拉的单价也越高。

红宝石：矿物名为刚玉，专指因含有铬元素而呈现红色的宝石级刚玉，是摩氏硬度仅次于钻石的珍贵宝石，其摩氏硬度为9。

红宝石也是世界上最珍贵的五大贵重宝石之一，品质优良的红宝石在阳光下会如同鲜红的血液。产地有缅甸、泰国、越南、斯里兰卡、澳大利亚、中国等，其中缅甸是公认首屈一指的优质红宝石产地。

红宝石的红色愈鲜艳便愈美丽、愈有价值，极品的颜色被称为“鸽血红”。所谓“鸽血红”是一种颜色饱和度较高的纯正的红色，这种色彩能够把红宝石的美表露得一览无遗。

蓝宝石：矿物成分与红宝石相同，属于刚玉矿物，故有“姐妹宝石”之称。

因为含有微量的钛元素和铁元素，所以蓝宝石并不是仅指蓝色的刚玉宝石，它除了拥有完整的蓝色系列以外，还有着如同烟花落幕般的黄色、浪漫的粉红色、金灿灿的橙橘色以及神秘感十足的紫色等，这些彩色系的蓝宝石被统称为彩色蓝宝石。

当蓝宝石内部生长有大量细微的称作金红石的矿物时，打磨成凸面形的宝石顶部会呈现出六道星芒，这样的蓝宝石即被称作星光蓝宝石。星光蓝宝石因其艳丽的星光色彩而被称为“命运之石”。

蓝宝石的产地有克什米尔、缅甸、斯里兰卡、泰国、澳大利亚、中国等，以“皇家蓝”“矢车菊蓝”等颜色饱满、分布均匀者为佳。

祖母绿：祖母绿是绿柱石中最为重要和名贵的品种，被世人称为“绿色宝石之王”，它与钻石、红宝石、蓝宝石、猫眼石，共同视为大自然赋予人类的“五大珍宝”，是国际珠宝界公认的名贵宝石。

祖母绿的主要成分是铍铝硅酸盐矿物，摩氏硬度为7.5～8，是含有铬元素和钒元素的绿柱石，其颜色以鲜艳的深绿色为佳。优质祖母绿多产于哥伦比亚木佐（Muzo）和契沃尔（Chivor）矿区。

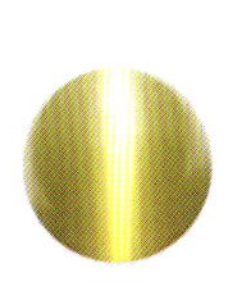

猫眼石：具有特殊光学效应（猫眼效应）的金绿宝石，才能直接命名为猫眼石，其他具有猫眼效应的宝石需要在前面加上宝石的具体名称，可见其猫眼效应特征之强！在聚光光源下，猫眼石的向光面呈现宝石体色，背光面呈乳白色。随着宝石的转动猫眼石的眼线会出现张开与闭合的现象，酷似猫的眼睛，灵活明亮，猫眼石因此而得名。

其他宝石

主要的品种有尖晶石、碧玺、水晶、青金石、托帕石（黄玉）、海蓝宝石、石榴石、橄榄石、月光石、孔雀石、绿松石、红纹石、东陵石、萤石、玛瑙、玉髓、欧泊、舒俱来石、锂辉石、方解石等。另外，砗磲、琥珀、珍珠、珊瑚等有机宝石也归为此类。

欧泊：组成矿物为蛋白石，含有少量石英、黄铁矿等杂质矿物，具典型的变彩效应。光源下转动可以看到五颜六色的色斑，以色彩丰富、鲜艳、红色变彩较多且分布均匀明亮、图案漂亮为佳。产于澳大利亚、巴西、墨西哥和埃塞俄比亚等地。欧泊的加工工艺直接影响到欧泊的价值，包括切割和打磨以及独具匠心的设计和镶嵌工艺。

尖晶石：俗称“大红宝”，常为红、粉、橙、蓝、绿、黄、黑等色，接近红宝石的红色较珍贵。红色尖晶石易与红宝石相混。历史上著名的一颗被称为“黑太子红宝石”的红色尖晶石，重约170克拉，产于缅甸，1660年被镶嵌于英国国王王冠上。优质尖晶石产于缅甸、坦桑尼亚等地。

托帕石：矿物名黄玉，摩氏硬度为8，颜色较多，以红色最珍贵。市场上蓝色托帕石多为辐照加热处理改色。

海蓝宝石：为绿柱石矿物的一种，因其颜色酷似海水而得名，一般色调较浅，以色浓、纯净者为佳，具猫眼效应的价值倍增。

橄榄石：因具有橄榄绿色而得名，以橄榄绿色、金黄绿色为上品。

碧玺：矿物名为电气石，俗称碧玺，它在宝石中颜色最丰富，有粉红、红、绿、蓝、黄、褐等色，有时同一块碧玺上可出现多种颜色或两端具有截然不同的颜色。在单一的色种中，以大红色、玫瑰红色、绿色和天蓝色等艳丽色彩的碧玺为最佳，此外，一块碧玺的色彩越多越好，如双色碧玺、三色碧玺等。

石榴石：在我国俗称“紫牙乌”，实际上石榴石是个大家族，品种和颜色很多，以酷似祖母绿色的翠榴石和红色镁铝榴石最受市场欢迎，也包括新贵——铬钒钙铝榴石（沙弗莱）和芬达石。

月光石：为长石族矿物，有着淡蓝色晕彩，颇似秋夜的月光（冰长石晕彩）。有诗为证：青光淡淡如秋月，谁信寒色出石重，故名月光石。优质月光石产于斯里兰卡、缅甸等地。

珍珠：被誉为“宝石皇后”，是一种有机宝石。珍珠层是由母贝的分泌物在珍珠核表面形成的有机质和碳酸钙结晶质，其叠瓦状形貌造成珍珠具有晕彩和珍珠的光泽。珍珠层越厚，其光泽越强。珍珠形状多样，有圆形、椭圆形、梨形、异形等，其中以正圆形且大为佳。

珍珠分淡水珍珠和海水珍珠两大类，以大而圆且珠光佳美者为上品。

珍珠按颗粒直径分类（单位：mm）

粒径	>10	8~10	6~8	5~6	<5
类型	大型珠	大珠	中珠	小珠	米珠

二、宝石的加工工艺

宝石的完美造型和艳丽光彩的体现，都离不开人类和大自然共同的努力。由于宝石独有的特性，因而对其加工的款式也有所不同。一些多色性明显的宝石，如坦桑石，在加工的时候要注意其台面定向方向，使宝石在台面上能最大程度地展现最好的颜色；对于折射率大、光泽强、高色散的宝石，如钻石，为了能更好地突出钻石的火彩，加工时要注意钻石亭部和冠部角的选择。

宝石的基本加工原则：最大限度地展现出宝石的价值。

宝石加工工艺流程

设计：根据宝石的原料对宝石的切磨形态进行设计，如需要加工成素面型还是刻面型，宝石形态需要圆形还是梨形等。

切割：依据需要对原料进行切割。宝石的体色、折射率、多色性、解理、瑕疵等决定切割的方向、大小、厚度等。

打磨和抛光：在砂轮上对宝石进行研磨，然后根据不同宝石的硬度等物理化学特性，利用抛光盘、抛光布轮机等，配合不同的研磨料对宝石进行抛光处理。

三、宝石的切磨形态

宝石切磨成何种形态，需要根据宝石的特性来进行选择，最大限度地体现出宝石的价值。如下图所示，箭头所指示的表示测量宝石尺寸的标志位置。

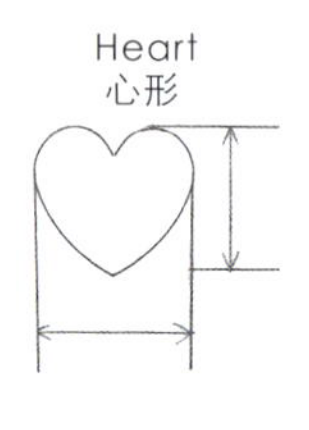

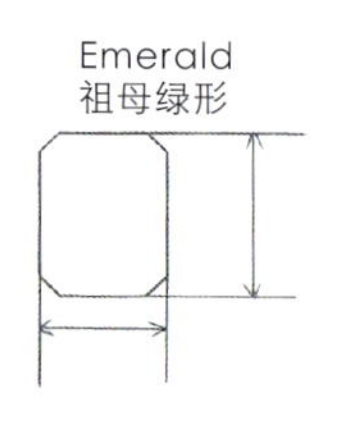

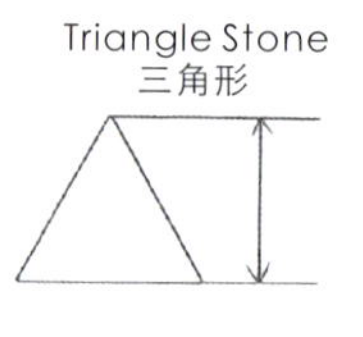

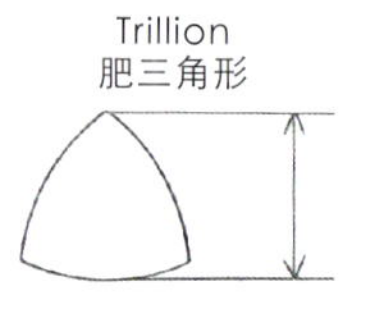

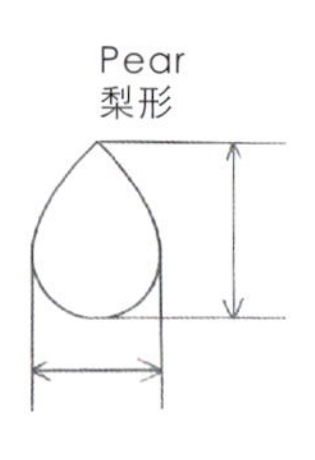

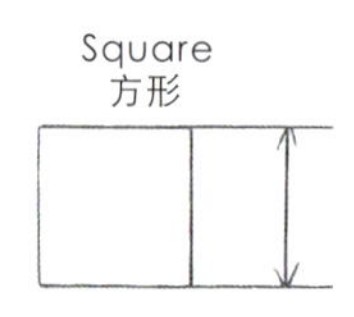

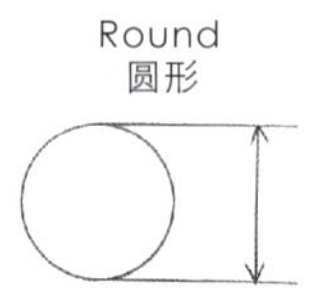

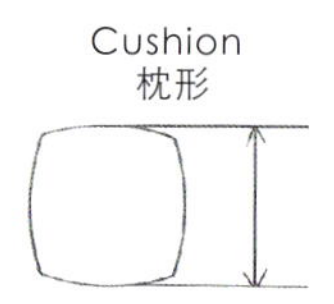

刻面型宝石

刻面型为宝石的一种琢型，其加工工艺始于14世纪，主要用于透明宝石。刻面型宝石能最大限度地表现出宝石美丽的色泽，增强宝石的光彩和亮度。常见的一些刻面宝石有圆形、椭圆形、梨形、心形、马眼形、长方形等。

刻面型宝石

千禧切割： 在2000年左右（即千禧年）由罗吉奥·格拉卡首创。千禧切割亭部拥有624个刻面，台面拥有376个刻面，且在整个切割和抛光的过程中，每个刻面必须碰到1~4次，其切割的工作量约等于其他形状切割工作量的18倍！

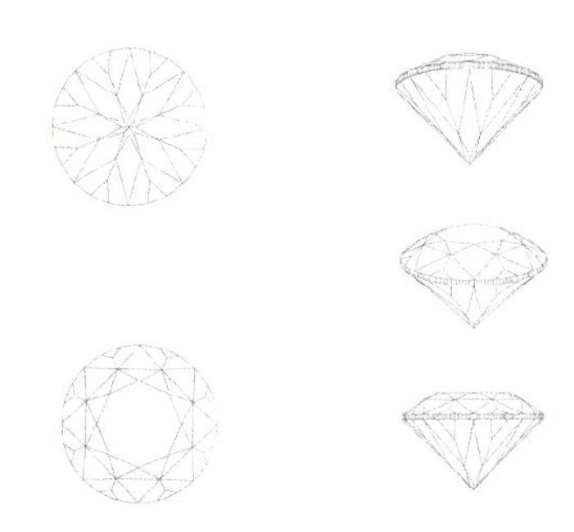

千禧切割效果图

圆形切割： 圆形切割是理想和标准的切割形态。圆形切割宝石的标准刻面数为57个或者58个。圆形切割主要是为了展示最大的光学特性，达到光彩夺目的效果。

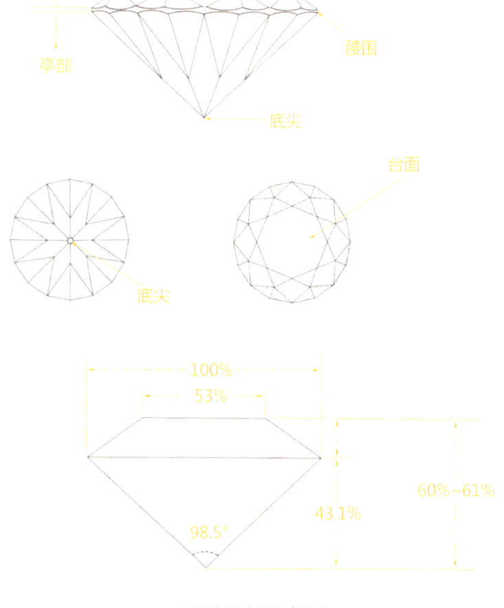

圆形切割示意图

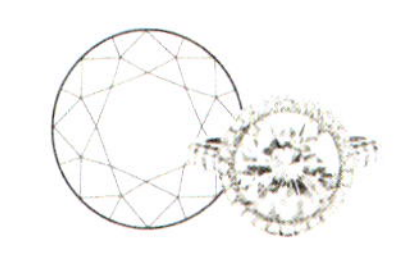

梨形切割：梨形切割宝石的标准刻面数为71个。它集合了椭圆形与马眼形切割的优点，宝石切割的形状类似一颗玲珑剔透的水滴。

梨形切割效果图

祖母绿形切割：祖母绿形切割宝石的刻面数约为50个。祖母绿切割从顶部观察就像截去了角的长方形。夺目的光辉会将这些阶梯状角的光彩显示于宝石的亭部之上。

祖母绿形切割效果图

马眼形切割：马眼形切割宝石的标准刻面数为57个，其切割的形态看起来像一个橄榄球。

马眼形切割效果图

公主式切割：公主式切割形态的宝石通常刻面数为76个，一般颜色比较浅的透明宝石用公主式切割效果更佳。

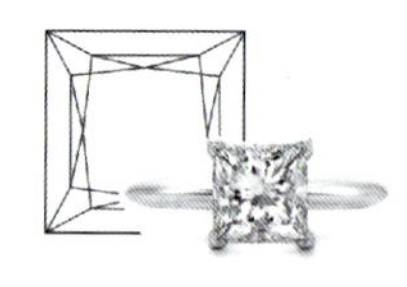

公主式切割效果图

心形切割：心形切割宝石标准的刻面数为59个。心形宝石是爱的象征。

心形切割效果图

椭圆形切割： 椭圆形切割宝石的标准刻面数为69个。因其从上面观察时呈椭圆形而得名。一颗切工良好的椭圆形宝石几乎可以与圆形切割一样闪耀。➡

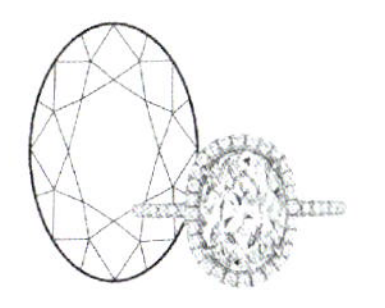

椭圆形切割效果图

三角形切割： 三角形切割宝石的标准刻面数为43个。三角形切割基于三角形上，通常将角截去，显示出千变万化的刻面设计。由于各边相等，三角形切割能反射大部分的光与颜色，使宝石光彩夺目。➡

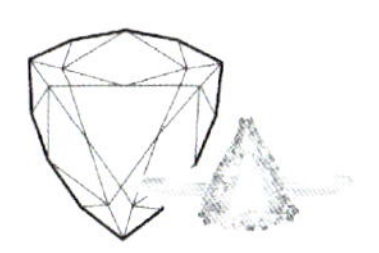

三角形切割效果图

素面型宝石

素面型宝石的琢型最简单，不需经过切磨，仅对其外表进行抛光，是早期宝石加工的一种方式。素面型宝石的切面类型及常见形状如下图所示。

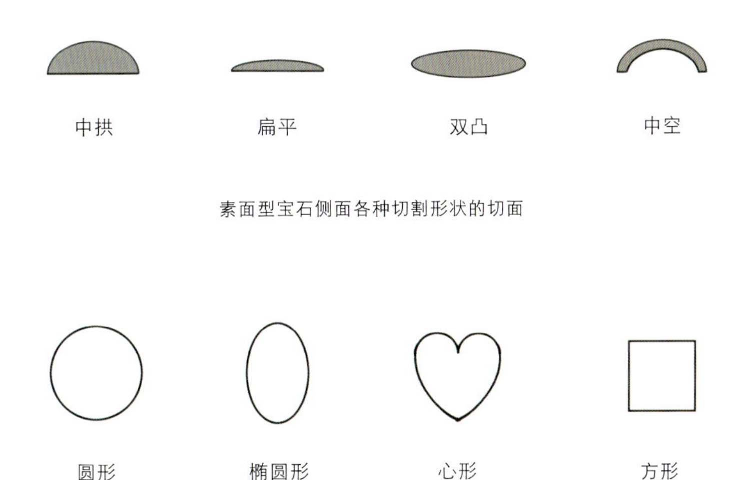

素面型宝石的各种常见形状

四、贵金属的基本知识

用于首饰制作的贵金属主要是指金、银、铂等金属元素，与一般金属元素相比，这些金属化学稳定性良好，拥有金属光泽，且具有良好的延展性。在自然界中，贵金属的种类不多，且矿物蕴藏的量也少。贵金属首饰在制作过程中，不得含有超量的对人体健康有害的元素，且每件贵金属首饰都应当有印记。印记内容应包括有厂家代号、纯度、材料以及镶嵌首饰主石和辅石重量等信息。因使用需要，首饰配件的成色一般不低于主要金属成色。

金

金的元素符号为Au，广泛地运用于首饰制作中。它可以与不同金属材料制成合金，得到更加丰富的色彩，如玫瑰色、金黄色、水绿色、纯白色、蓝色等。金首饰的纯度规格有足金、22K金、18K金、14K金和9K金等。

黄金的特点之一就是延展性高，俗称“软”，所以难以镶制出精美的款式，尤其镶嵌主石时容易因变形而松脱丢失。因此，需要在黄金中加入少量的银、铜、锌等金属用以增加黄金的强度和韧性，这样制成的金饰，又称K金。

K金的计量方法是：纯金为足金（24K金理论上含金量为1000‰），1K的含金量约为41.66‰。K金可以根据需要配制成各种颜色，在国际上流行的K金首饰各种颜色都有，常见的有黄色、红色和白色。黄金中混入25%的钛、银、镍、铑、铜，钯和镍等，可成为白色，它的主要成分还是黄金，称为白色K金。也因此是最容易跟铂金混淆的白色金属，但却是与铂金完全不同的金属。

K金	含金量(‰)	K金	含金量(‰)
9K	375	22K	916
10K	417	足金	990
14K	585	千足金	999
18K	750	24K	1000

k金印记

黄色K金

红色K金

白色K金

铂

铂的元素符号为Pt，是一种非常珍贵的贵金属，具有艳丽的白色和优异的延展性以及良好的化学稳定性。从19世纪开始，铂金才广泛应用于珠宝首饰制作中。铂金珠宝首饰的纯度规格有Pt950、Pt 900和Pt850等。

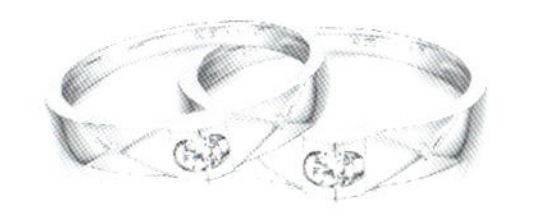

铂金珠宝首饰

银

银的元素符号为Ag。除了黄金外，银是另一种广泛运用于首饰制作的金属材料。银首饰的纯度规格有足银、925银和800银等。足银的含银量应大于或等于990‰。

银珠宝首饰

铜

铜的元素符号为Cu，颜色为金黄中带有红色，富有延展性，是人类最早发现并使用的金属之一，也是人类生活生产中广泛使用的一种金属。

黄铜珠宝首饰

思考练习

我国还有哪些宝石矿产地？谈谈自己喜欢哪些外形的宝石？

常见刻面宝石切割形态（一）

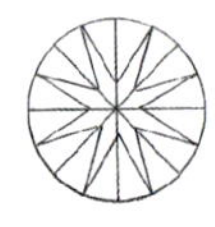

圆形切工
Round shape cut

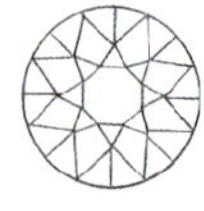
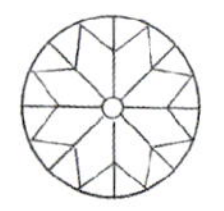

老欧式切工
Old european cut

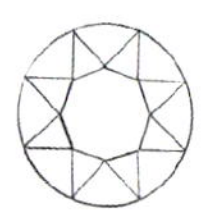
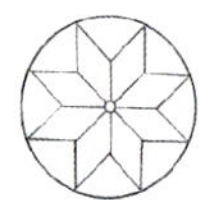

瑞士切工
Swiss cut

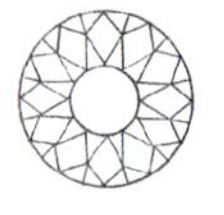

帝王式切工
King cut

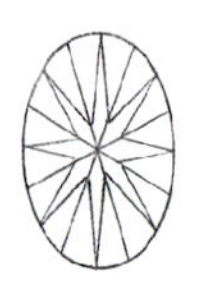

椭圆形切工
Oval cut

马眼形切工
Marquise cut

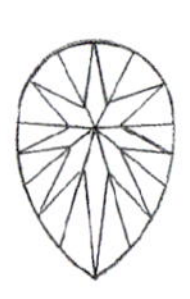

梨形切工
Pear shape cut

心形切工
Heart shape cut

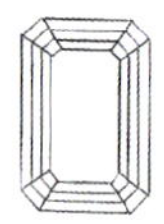
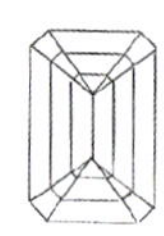

祖母绿形切工
Emerald cut

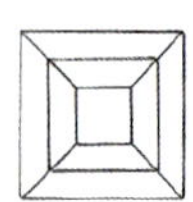
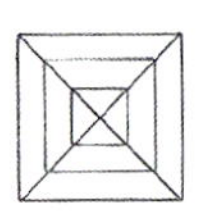

方形切工
Square cut

常见刻面宝石切割形态（二）

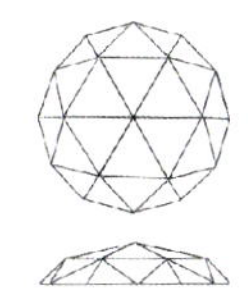

荷兰玫瑰切工
Holland rose cut

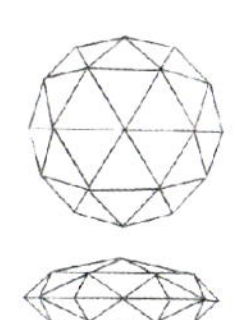

双玫瑰切工
Double rose cut

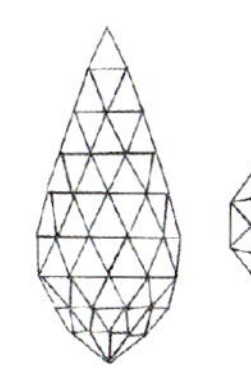

长泪滴切工
Long teardrop cut

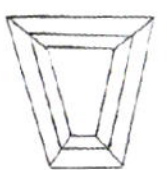
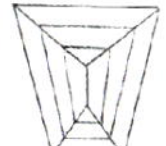

倒梯形切工
Trapezoidal cut

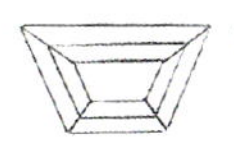
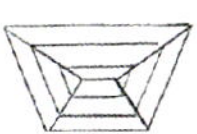

梯形切工
Trapezoid cut

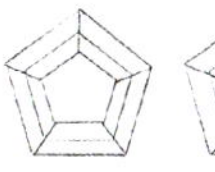
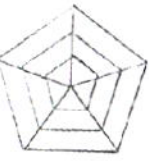
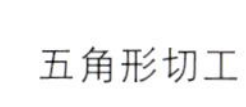

五角形切工
Pentagon cut

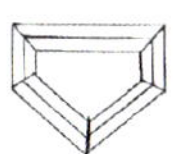
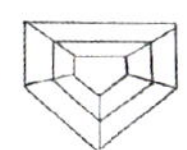

扇章形切工
Fan shape cut

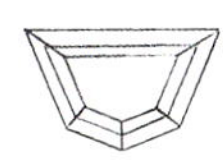
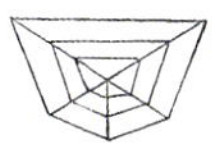

楔形切工
Wedge cut

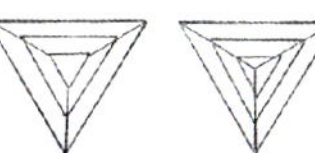

三角形切工
Triangle cut

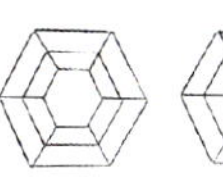

六角形切工
Hexagon cut

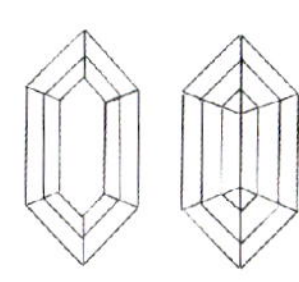

长六角形切工
Long hexagon cut

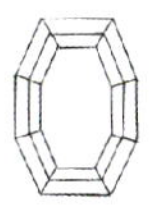
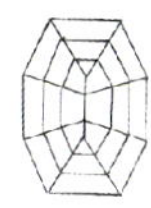

细长八角形切工
Slender octagonal cut

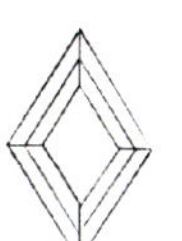
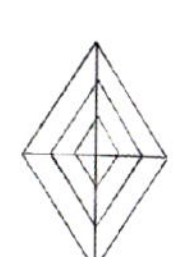

菱形切工
Lozenge cut

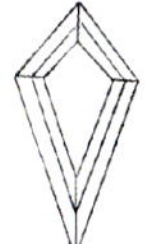
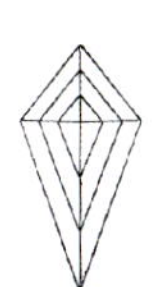

风筝形切工
Kite cut

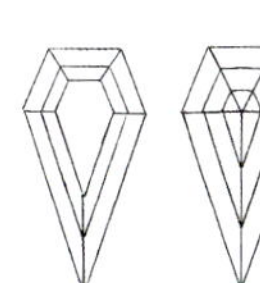

犄角形切工
Horn shape cut

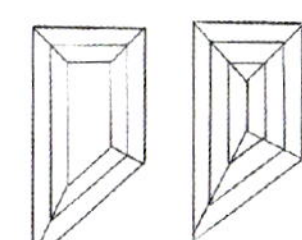

哨子形切工
Whistle shape cut

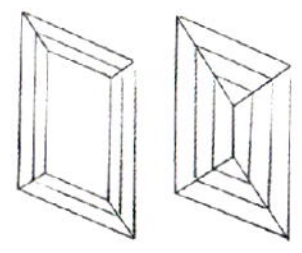

斜菱形切工
Rhomboid cut

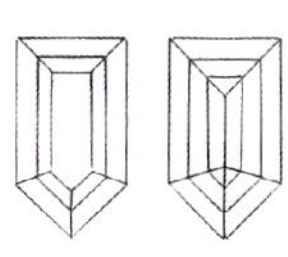

子弹形切工
Bullet cut

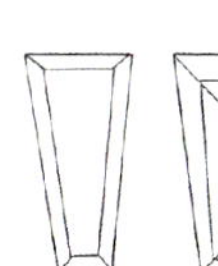

梯形切工
Trapezoid cut

圆钻直径、质量对照表

直径 (mm)	质量 (ct)
0.80~0.84	0.002
0.90~0.93	0.003
1.07~1.10	0.004
1.10~1.15	0.005
1.15~1.19	0.006
1.20~1.25	0.007
1.25~1.30	0.008
1.32~1.36	0.010
1.36~1.39	0.011
1.41~1.43	0.012
1.45~1.50	0.013
1.51~1.55	0.014
1.55~1.60	0.016

直径 (mm)	质量 (ct)
1.60	0.018
1.70	0.020
1.80	0.025
1.90	0.030
2.00	0.035
2.10	0.040
2.20	0.045
2.30	0.050
2.40	0.055
2.50	0.065
2.60	0.070
2.70	0.080
2.80	0.085

直径 (mm)	质量 (ct)
2.90	0.09
3.00	0.10
3.10	0.11
3.20	0.12
3.30	0.14
3.40	0.15
3.50	0.16
3.60	0.17
3.70	0.18
3.75	0.19
3.80	0.20
3.85	0.21
3.90	0.22

直径 (mm)	质量 (ct)
4.00	0.23
4.05	0.24
4.10	0.25
4.12	0.26
4.14	0.27
4.16	0.28
4.18	0.29
4.20	0.30
4.27	0.31
4.33	0.32
4.40	0.33
4.44	0.34
4.48	0.35
4.52	0.36

直径 (mm)	质量 (ct)
4.56	0.37
4.60	0.38
4.70	0.39
4.80	0.40
4.83	0.41
4.86	0.42
4.89	0.43
4.91	0.44
4.94	0.45
4.98	0.46
5.00	0.47
5.07	0.48
5.10	0.50
5.50	0.60

直径 (mm)	质量 (ct)
5.90	0.75
6.00	0.80
6.25	0.90
6.50	1.00
7.00	1.25
7.40	1.50
7.90	1.75
8.20	2.00
8.80	2.50
9.35	3.00
9.85	3.50
10.3	4.00
10.8	4.50
11.1	5.00

以下均为钻石质量对照表

公主方
（PS）

大小 (mm×mm)	质量 (ct)
1.25×1.25	0.01
1.4×1.4	0.02
1.6×1.6	0.03
1.8×1.8	0.04
2.0×2.0	0.05
2.1×2.1	0.06
2.2×2.2	0.07
2.3×2.3	0.08
2.4×2.4	0.09
2.5×2.5	0.10
2.8×2.8	0.15
3.2×3.2	0.20
3.4×3.4	0.25
3.7×3.7	0.30
3.8×3.8	0.35
4.0×4.0	0.40
4.2×4.2	0.45
4.6×4.6	0.50
5.5×5.5	0.75
6.0×6.0	1.00
6.5×6.5	1.25
7.0×7.0	1.50
7.5×7.5	2.00
8.0×8.0	2.50
8.5×8.5	3.00

祖母绿
（EM）

大小 (mm×mm)	质量 (ct)
2.5×1.8	0.05
2.6×1.9	0.06
2.7×1.9	0.07
2.8×1.9	0.08
2.9×1.9	0.09
3.0×2.0	0.10
3.5×2.3	0.15
3.8×2.8	0.20
4.0×3.0	0.25
4.3×3.0	0.30
4.6×3.0	0.35
5.0×3.2	0.40
5.2×3.3	0.45
5.5×3.5	0.50
5.8×3.8	0.60
6.2×4.2	0.70
6.5×4.5	0.75
6.7×4.7	0.80
7.0×5.0	1.00
7.5×5.5	1.25
8.0×6.0	1.50
9.0×7.0	2.00
9.5×7.5	2.50
1 0×8.0	3.00
1 1×9.0	4.00

椭圆形
（OV）

大小 (mm×mm)	质量 (ct)
3.0×2.0	0.05
3.1×2.1	0.06
3.2×2.2	0.07
3.3×2.3	0.08
3.4×2.4	0.09
3.5×2.5	0.10
4.0×2.7	0.15
4.5×3.0	0.20
5.0×3.0	0.25
5.2×3.4	0.30
5.4×3.6	0.35
5.7×3.7	0.40
5.8×3.8	0.45
6.0×4.0	0.50
6.3×4.3	0.60
6.7x4.7	0.70
7.0×5.0	0.75
7.1×5.1	0.80
7.3×5.3	0.90
7.5×5.5	1.00
8.0×6.0	1.25
9.0×7.0	1.50
1 0×7.5	2.00
1 1×8.0	3.00
1 2×9.0	4.00

梨形
（PE）

大小 (mm×mm)	质量 (ct)
2.5×1.8	0.05
3.2×2.1	0.06
3.5×2.3	0.07
3.6×2.3	0.08
3.8×2.4	0.09
4.0×2.5	0.10
4.5×2.5	0.15
4.7×2.8	0.20
5.0×3.0	0.25
5.4×3.3	0.30
5.8×3.6	0.35
6.0×4.0	0.40
6.2×4.2	0.45
6.5×4.5	0.50
6.8×4.8	0.60
7.5×5.0	0.70
8.0×5.0	0.75
8.1×5.1	0.80
8.5×5.5	0.90
8.5×5.5	1.00
9.0×6.0	1.50
1 1×7.0	2.00

马眼形
（MQ）

大小 (mm×mm)	质量 (ct)
3.1×1.6	0.05
3.3×1.8	0.06
3.5×2.0	0.07
4.0×2.0	0.08
4.1×2.1	0.09
4.2×2.2	0.10
4.5×2.6	0.15
5.4×3.0	0.20
6.0×3.0	0.25
6.3×4.3	0.30
6.7×3.5	0.35
7.1×3.6	0.40
7.4×3.8	0.45
8.0×4.0	0.50
8.3×4.3	0.60
8.7×4.5	0.70
9.0×4.5	0.75
9.2×4.6	0.80
9.5×4.7	0.90
10.0×5.0	1.00
12.7×7.5	2.00
15.0×7.0	3.00

心形
（HT）

大小 (mm×mm)	质量 (ct)
3.0×3.0	0.15
3.5×3.5	0.20
4.0×4.0	0.25
4.3×4.3	0.30
4.6×4.6	0.35
5.0×5.0	0.40
5.2×5.2	0.45
5.5×5.5	0.50
5.6×5.6	0.55
5.8×5.8	0.60
6.0×6.0	0.65
6.2×6.2	0.70
6.5×6.5	0.75
6.7×6.7	0.80
6.8×6.1	1.00
7.0×7.0	1.50
9.4×8.7	2.00

第3章　珠宝首饰设计的风格

学习目标：通过本章的学习，读者应掌握的基本知识有

1. 珠宝首饰设计的风格
2. 珠宝首饰流行趋势

珠宝首饰设计是一种品味、一种心态、一种意境、一种开心的工作方式。——黄湘民

日本设计师川添登先生根据人、自然、社会三者间的相互关系，将设计分为三大领域：传达设计、产品设计和环境设计。而归于产品设计的珠宝首饰设计，因其独有的特性以及精致而小巧美观的外形，被称为设计领域中的精灵。

由于社会文化的多元化，现代珠宝首饰的设计风格常常集合了多种风格和表现技法。根据设计者的意图可将珠宝首饰设计划分为商业珠宝首饰设计和艺术珠宝首饰设计两大类。本书介绍的内容以商业珠宝首饰设计为主。

一、珠宝首饰设计的风格

古典风格珠宝首饰

具古典风格的珠宝首饰，流行的时间非常持久。这种风格的珠宝首饰设计对称，融洽调和，而颜色的搭配也极其柔和。古典风格珠宝首饰的做工一般都极其繁复细致，传统的原则和价值在古典风格珠宝首饰里面都能够得到体现。这种主题的整体风格偏向于一些古老的图腾、纹饰、徽章等，以传统的艺术构造来传承古老的文化。

自然风格珠宝首饰

具天然风格的珠宝首饰，其特色是用自然实物做造型，线条简明，给人舒适、随意、轻松的感觉。款式比较形象，体现自然原始、显露天然的美态，追求返璞归真之感。设计师们通常以热情奔放、清新质朴的大自然气息作为珠宝首饰设计的重要风格。最常见的图案造型有动物、植物或者一些昆虫类等。

浪漫风格珠宝首饰

具浪漫风格的珠宝首饰设计优美精致，线条娇柔细腻，充满浪漫色彩。比如充满浓浓爱意的心形、令人向往的巴黎埃菲尔铁塔、粉色和紫色色调的搭配等，都散发着无限的浪漫气息。浪漫风格的珠宝首饰，具有浓厚的女性特征，妩媚而浪漫，是晚宴、舞会等重要场合引人注目的最佳珠宝首饰。

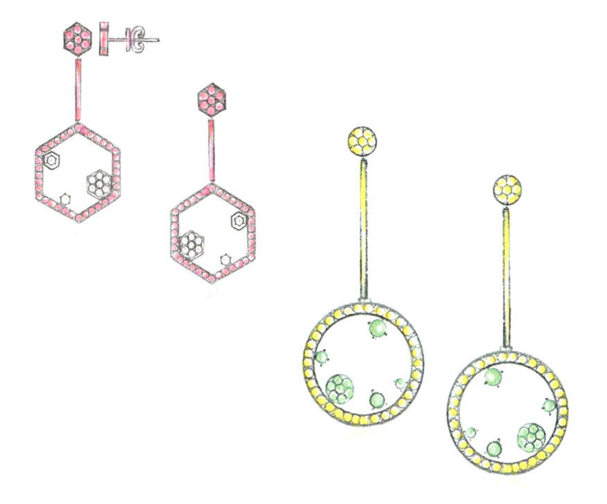

简洁风格珠宝首饰

这个主题的整体风格偏向于简洁流畅的线条、简约凝练的整体构造，以最简单的线条去构造最完美的珠宝首饰，外观呈流线形或几何形。面对四周冰冷的钢筋水泥、繁琐的生活、高压的工作，越来越多的人追求简洁风格的珠宝首饰。

创新风格珠宝首饰

创新风格的珠宝首饰一般都不合常规，通常具有独特的耐人寻味的设计感。夸张突出某一细节，或者利用强烈的颜色对比，不合常理的设计等。喜爱这类设计的人多是思想创新、性格奔放、不受约束的人。

二、其他珠宝首饰风格

现在珠宝首饰往往不再只是单纯的某一种风格，很多珠宝首饰的设计同时具有两种或多种风格。大致可分为以下几种。

民族珠宝首饰

具有明显的地域特色和民族特色。材料上以银为主，宝石材料多为绿松石、青金石、玛瑙，甚至贝壳等；形体大且重。许多坠饰有独特的纹样，仅属于某种特定的文化。

东方珠宝首饰

特指中国、新加坡等国家的珠宝首饰，主要以中华传统文化为设计概念，用料上一度偏爱黄金，尤其偏爱足金。造型纤细，寄情寓意的作品很多，亦常采用“福、禄、寿、喜”等文字，动物生肖纹饰及观音、佛等，极具东方造型的特色。

（为昆明市杰克彩宝提供专属设计）

欧美珠宝首饰

欧美人士体形高大、皮肤白皙，因此欧美市场上的珠宝首饰个体大、用金量多，最常见的有18K金，还有22K金、14K金、9K金的珠宝首饰，足金较少。所用宝石个体较大，贵金属珠宝首饰多采用多层镶嵌，除主石外常见大量的镶嵌配石，制作上所采用的技术先进。

三、珠宝首饰的流行趋势

俗话说：“人靠衣装马靠鞍”。珠宝首饰是女人最好的朋友，它能让你闪耀无限光芒！然而佩戴什么样款式的珠宝首饰才是最引人注目的呢？珠宝首饰的流行趋势每年各有不同，近年来主要流行以下几种风格。

注重原石的拙朴之美

现在越来越多的设计师开始重视珠宝原石，包含原石的随形与天然的纹理。在以原石为灵感的基础上充分发挥时尚的创意理念，配合金属的表面肌理，让珠宝首饰有一种自然的拙朴之美！

极简设计

近几年，极简设计越来越突显它在首饰设计中的地位和作用，线条流畅的珠宝首饰总是充满了时尚的韵味和活泼的律动，褪去了大部分珠宝首饰所追求的奢华高贵。极简珠宝首饰主创的就是独特个性，又因其适配性强，成为现代女性对珠宝首饰的首选。极简珠宝首饰纤细简单，并且可以层叠佩戴，这种珠宝首饰将会是今后的大趋势。

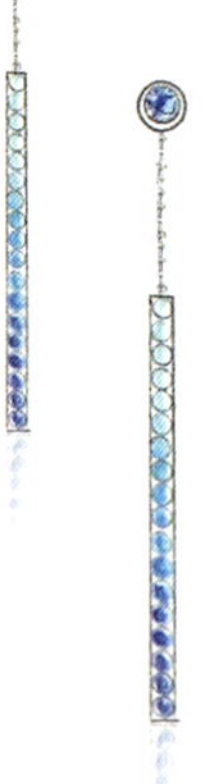

镂空设计

镂空设计风格的珠宝首饰越来越受到人们的欢迎。镂空式珠宝首饰设计的框架线条纤细，覆盖面积大，采用旋转和弧形线条再镶嵌宝石，配以色彩，可谓创意非凡。相比于其他风格，镂空设计风格更富有通透感、层次感和神秘感。

花形珠宝首饰

花形戒指、耳环、吊坠、手镯及项链近年来依旧走红，而最诱人的部分蕴藏在细节当中，从意想不到的尺度到超现实主义的色彩，特别是可拆卸、一款多用的实用性花形珠宝首饰，深受人们的追捧。而花卉赋予了设计师无限的创作灵感。

海洋风格珠宝首饰

海洋风格的珠宝首饰，让沉溺在都市中的人犹如突然潜入海底观赏奇妙的海底世界一般，享受着阳光与海滩的好时光。从海星、海贝，到珊瑚、海马等各种奇特的海洋风格珠宝首饰让人爱不释手。

穗与流苏

艺术装饰永远是珠宝首饰的灵感来源之一。那些穗与流苏系列再装饰上红宝石、蓝宝石、绿宝石，配以金色的链子或者珠子，其质朴之美表现得淋漓尽致。

毛衣项链

垂坠式毛衣项链，又称“Y”形项链，上半部分犹如颈圈般，有拉长脖颈的视觉效果，下半部分的长链又再添几分性感。“Y”形项链特别适合在夜晚佩戴，闪耀的长链尽显女性优雅性感的线条。“Y”形项链独有的别致感，与深“V”领衣服相得益彰，可谓是时尚达人红毯秀的标配。

细微风格

精致小巧的珠宝设计风格随处可见，对于越来越注重个性化的时尚一族，小小的一件饰品可以单独佩戴，也可以随意混搭其他珠宝首饰或者叠戴。同时，这种“小号”珠宝价格优势明显，可以搭配各种服装风格。

混合金属

混合金属已形成一种珠宝首饰流行趋势，并成为最受欢迎的主流趋势之一。特别是温馨暖人的玫瑰金混搭冷酷神秘的18K白金，已成为一种独特、魅力十足的珠宝首饰设计风格。这种珠宝首饰设计风格有多种呈现方式，有相对简单的光环设计，也可以是特点突出的特殊设计。

独特造型

对于年轻消费者来说，独特唯一是他们追求的永恒主题，因此，造型独特的珠宝首饰成为了年轻消费者偏爱的款式。这种不再严格按照传统首饰的长宽比例，而是随整体造型和设计而变，还有的设计师会故意把设计造型略微歪斜一点，以突出个性化。

思考练习

当下珠宝首饰还有什么流行风格？试着判断所见珠宝首饰设计的风格类型。

第4章 珠宝首饰生产流程

学习目标：通过本章的学习，读者可掌握的基本知识有

1. 珠宝首饰生产的流程
2. 珠宝首饰流程的详细内容

珠宝首饰设计包括功能、材料、工艺、造作、审美形式、艺术风格、精神意念等，是各种因素综合创作的表现。——黄湘民

每一件珠宝首饰都被设计师和工艺师注入灵魂。钻戒光芒闪耀，项链光彩夺目，各种珠宝款式演绎出经典与时尚。它们的诞生需要花费大量的时间，经过非常复杂的加工工艺。本章将介绍一件由作者原创设计的珠宝从设计到生产的整个过程。

一、确定设计要求

设计师与客户进行交流，然后根据客户的要求形象地用设计图表达出来。

珠宝首饰设计一般开始于手绘1:1图稿。后期，设计团队会以此为蓝本不断地进行细化和调整。

本章以上海市珍晶采珠宝提供的专属设计为例。（原创设计，禁止抄袭。）

二、扫描宝石

对于来石定制的客户，部分名贵或者复杂外形的宝石，要先进行宝石扫描，获取精确的尺寸、刻面分布和3D结构数据。设计师在设计软件（JewelCAD）起版阶段可以方便地调用该模型，进行排石定位和虚拟装配等设计。

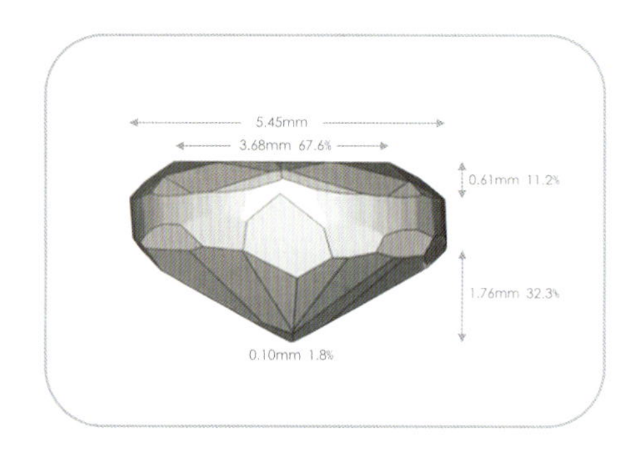

三、3D起版

除部分动物或者特殊造型的设计作品需手工雕蜡外，随着科技发展，现在大部分设计作品起版都由设计软件（JewelCAD）完成。3D软件可快速排石，快速修改，利用其预置的参数快速生成镶口、宝石、戒圈或标准件，大大提高了生产效率和精度。

四、制作蜡版

将用设计软件（JewelCAD）设计完成的3D模型输出到3D打印机中，可快速精准地打印出蜡版。蜡版有各种颜色，各色蜡版各有优劣。现在比较好的材质是蓝蜡，适合做高精度产品。

五、种蜡树

将每个蜡件用手工单独焊接到一根蜡棒上，最终得到一棵因形状酷似树而得名的蜡树，准备进行下一步浇铸。

六、铸造

采用失蜡倒模法（也称精密铸造法）制作铸件，俗称倒模工艺，是目前世界各国贵金属首饰加工行业中最常用的方法之一。将已配好的金熔化并保持熔融状态，待石膏模保温完毕，将液态金从水口注入，完成浇铸。

七、执模

执摸是指失蜡铸造之后，镶嵌之前的工艺环节，对珠宝首饰的毛坯进行精心修整的一道工序。主要工序为：修饰、修补工件缺陷，对工件进行整形、焊接，初步打磨铸件表面和装配配件等。

八、镶嵌

珠宝首饰镶嵌是一项对技艺要求很高的工艺，镶嵌的品质直接决定珠宝首饰的艺术效果。镶嵌主要是将主石、配石固定在各自的镶口上，是一个非常重要的精密工序。

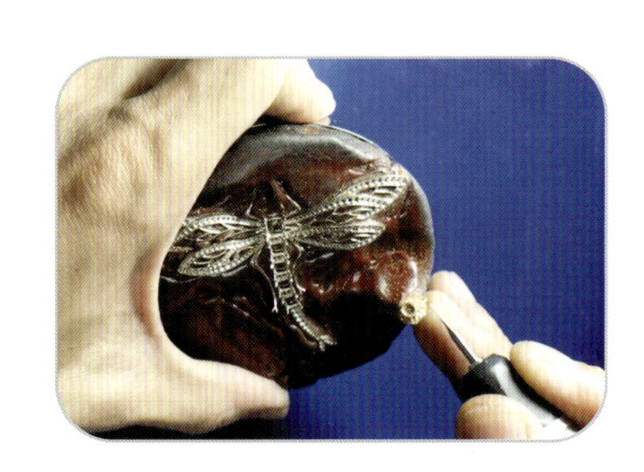

九、抛光

为了使珠宝首饰达到表面光亮无比、光洁如镜的效果，需要对首饰进行抛光。一般需经过粗抛光、中抛光和细抛光。粗抛光即在布轮机上将珠宝首饰粗糙的金属表面进行弧度圆滑打磨；中抛光主要采用粒度较细的白色抛光蜡；细抛光是在粗、中抛光基础上进一步处理，使珠宝首饰表面更加平整、光滑。部分角度明显的产品还需使用拍飞碟的工艺。

十、电镀

有些珠宝首饰需要对其表面进行电镀，常利用白金水（含铑元素）进行电镀，电镀后能使珠宝首饰表面长时间保持光滑、铮亮。

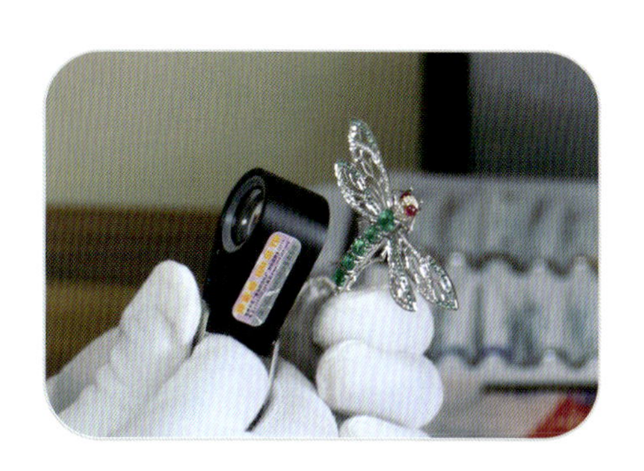

十一、质检

即对珠宝首饰的成品进行严格细致的质量检查。有无车变形，字印是否清晰，钉、爪是否车平，隙位是否太大，校位松紧是否适当，整件珠宝首饰是否车透、表面是否平整如镜等。

思考练习

蜡版如何制作？了解蜡模的生产过程。

第5章 珠宝绘图工具

学习目标：通过本章的学习，读者可了解到

1. 珠宝手绘工具
2. 手绘工具的使用方法

与其和自身的缺陷抗争，不如用更适合的工具和方法去弥补缺陷。——黄湘民

本章节介绍的一些工具都是珠宝绘画过程中常运用到的一些基本工具。在设计的过程中，重要的在于设计师本身绘图的笔触和技法。当然，好的工具当然更能得心应手，在绘图过程中设计师配合辅助工具，能够让工作更加顺利快速地进行。因此需要对工具的用途和用法有基本的认识了解，才能达到事半功倍的效果。（作者根据多年的经验，千挑百选，在众多品牌型号之中，挑出十几种必备的设计工具，分列出来，提供给大家参考。）➡

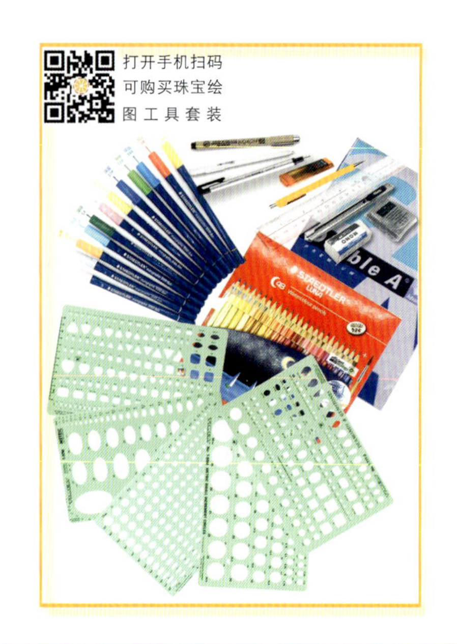

一、纸的种类

纸的种类很多，对于珠宝绘图来说，一般多采用普通的复印纸，而画彩色效果图时多采用水彩纸。但是对于初学者来说，可以多尝试一下不同纸类绘图的效果，感受不一样的乐趣。

复印纸（A4 80g纸）

这类纸纸面光滑平整，纸色洁白光亮，在绘画过程中能很好地保持画面的整洁性，且不透明，常用于珠宝绘图。

卡纸、水彩纸

纸质的粗糙度、硬度、厚度以及吸水性适宜，纸的表面平滑不起毛，画出的线条顺滑、漂亮、整齐。

常用纸的吸水性能强弱对比图如下。

吸水性 →

弱	铜版卡纸	铜版纸	绘图纸	白卡纸	素描纸	水粉纸	生宣纸	强

拷贝纸（雪梨纸）

这类纸透明度好，且对铅笔、彩铅等有良好的吸附性，它不透墨、不刮纸、清晰透明、韧性强，因此常用此类纸进行拷贝图样，预览上色，快速修改。

有色彩纸

这类纸纸张粗糙度比较适宜，有良好的吸附性，且颜色种类丰富，因此在绘图时可替代一些背景色，让整体的效果更佳。

二、笔的种类

铅笔

在珠宝绘图过程中，一般初稿和线描稿都用铅笔，按照笔芯软硬程度的不同，可以选择从较硬的H等级到较软的B等级。一般用B等级左右较软的笔芯绘制草图和初稿。

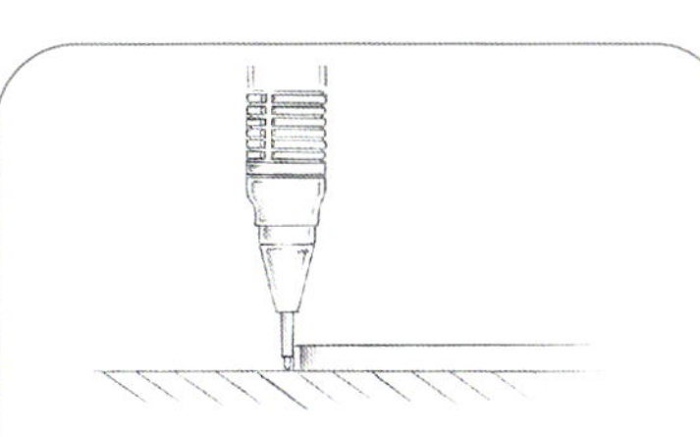

注意：铅笔使用过程中，要与模板垂直

针管笔

针管笔是绘图中最基本的工具之一，用来绘制墨线线条的工具，可绘出均匀一致的线条。针管笔绘制的线条宽窄是由针管的直径所决定的。

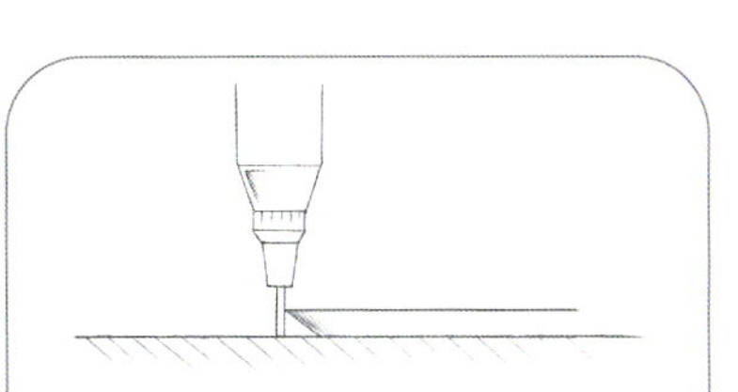

注意：针管笔要垂直使用，以免出水画出的线条不均，且容易弄脏画面

补色笔

在绘制效果图过程中，还有一种常用的上色工具，即补色笔。它不仅颜色种类繁多，而且在各类型的纸上都能很均匀地着色，颜色鲜艳明快，能快速表现出效果图。补色笔与彩色铅笔两者混合使用，效果更佳。

彩色铅笔

彩色铅笔可分为水溶性彩色铅笔和油性彩色铅笔。因其容易掌握，着色简单，能快速地表达效果，且方便携带，在绘图中一般用彩色铅笔来表现，其使用的方法与普通的铅笔用法相同。

本书所用绘图工具以施德楼48色水溶性彩色铅笔为主。此款彩色铅笔着色快速简单。由于其铅芯可溶于水，在涂画的过程中可用毛笔蘸水使颜色晕开，从而画出通透光滑的质感，色彩丰富且饱满，叠加涂画可使混合的效果更为出色。为方便后期涂色，可用记号笔对每支彩色铅笔进行编号。

白色	柠檬黄	荧光黄	黄色	沙黄	粉陶	土黄	浅棕	浅橘	橘色	绯红	红色	玫红	紫红	红褐色	浅洋红	粉红	品红	洋红色	木槿紫	薰衣草紫	紫色	彩陶蓝	钴蓝
0	12	10	1	11	43	16	49	42	4	24	2	23	260	72	21	25	20	29	61	62	6	63	33

蓝色	青蓝色	浅蓝	粉蓝	松绿	海洋蓝	蓝绿	莱姆绿	柳绿	正绿	青绿	粉绿	青橄榄	橄榄绿	焦黄色	浅棕绿	深土黄	深棕	浅灰	鸽灰	暖灰	灰色	银灰	黑色
3	37	30	[illegible]	35	38	59	53	50	5	52	550	56	57	73	77	19	76	[illegible]	83	85	8	80	9

彩色铅笔编号编写示范

先用记号笔写上对应的编号，然后用透明胶带贴住编号以保护记号。
* 请一定要对彩铅进行编号哦！

彩色铅笔涂画方法示范

一种颜色由深到浅的笔触涂画

对比色叠加涂画，丰富颜色色调

相近色叠加涂画，丰富颜色色调

高光笔

高光笔的作用主要是用于整体提亮设计图稿。特别是在绘制钻石、彩色宝石以及金属的高光部位时，能增强宝石的通透感或者金属质感。另外也可用于对色卡纸进行透明效果的绘制。

三、模板的种类

圆形模板

T-89

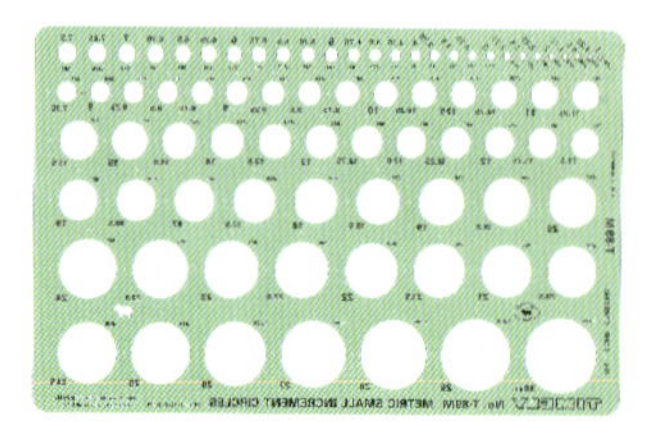

绘制各种形状大小的圆使用此类模板，比圆规方便利落，特别是画戒圈和圆形的宝石等，尺寸可精细到1.0mm。且画出来的圆线条均匀漂亮。

椭圆形模板

T-97

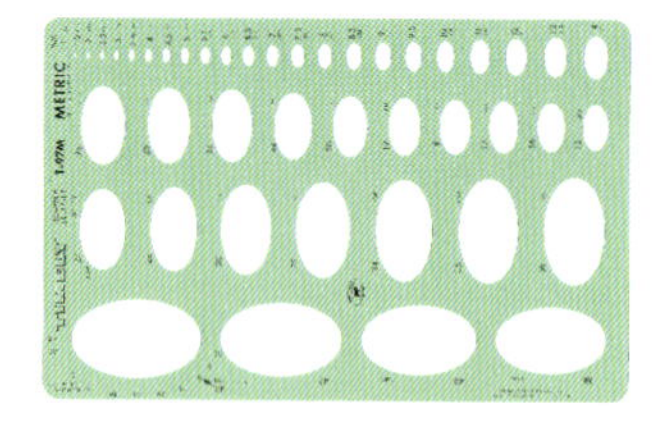

有大椭圆形和小椭圆形两种模板。由于投影角度的不同，有各种不同角度和形状大小的椭圆形。此类工具主要用于宝石绘画或者曲线描绘。

T-991

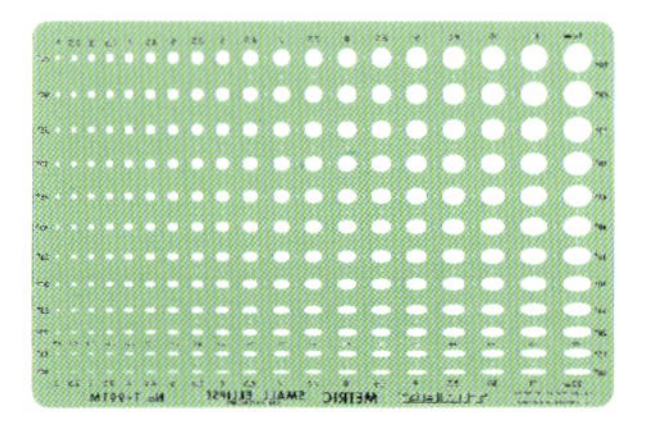

宝石模板

T-777-1

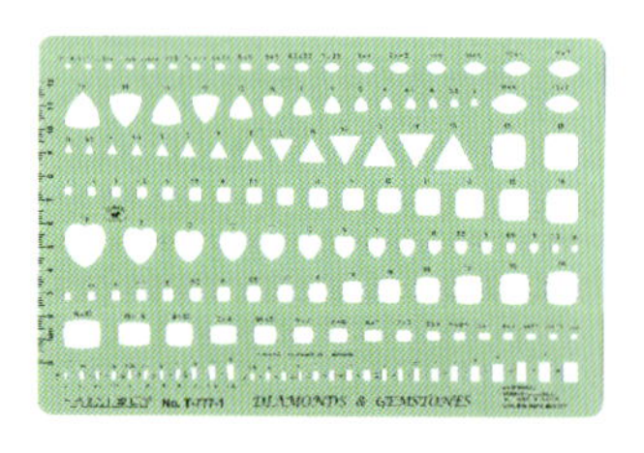

T-777-2

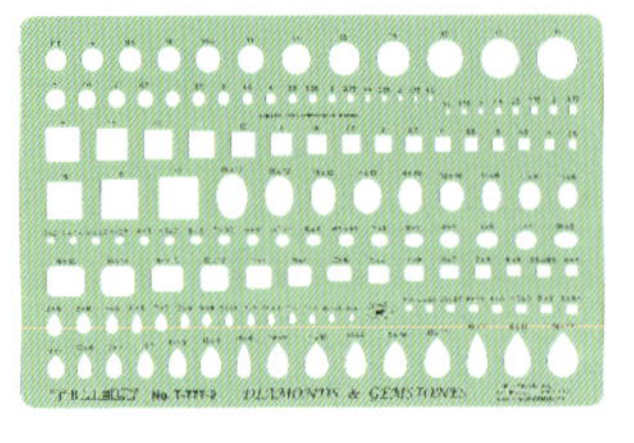

此类模板是配合宝石的各种形状开发出来的专用模板，为了精确宝石的尺寸、规格大小，用宝石模板能精准地把握各类宝石的规格、尺寸大小，而且也能轻易快速地画出梨形、心形、肥三角形、方形等形状。

四、橡皮擦的种类

块状橡皮擦

擦拭之后不留痕迹。这类橡皮擦可用作大块面积的擦除。

极细橡皮擦

这种类型的橡皮擦，可擦除极细微处的线条，除铅力强，擦拭稳定，按压方便。

橡皮泥

橡皮泥可塑性高，可随意塑造成任何形状，又具备橡皮擦的功能。当描绘得过深时，或者修饰图时，可以利用橡皮泥按压的方式使碳粉粘黏在橡皮泥上，从而达到减淡效果。

在设计中，不要一味追求品种众多的工具，选择一套适合自己的工具，刻苦练习，才能画出精美的作品。

思考练习

不同的工具在珠宝手绘中有什么不同的用途？尝试每种工具的使用。

中篇　珠宝手绘技法

画皮要画骨
结构要准才能体现
一件作品的精气神
线条是基本功
它不仅决定了整体的画面感
还能看出设计者的性格
而不同的镶嵌法则
藏着对设计的理解
一件完整的珠宝作品中
所需要的技法
各种珠宝的形式结构
应有尽有
吃透它
下笔必有神

第6章 明暗关系

学习目标：通过本章的内容学习，读者可掌握到的知识有

1. 明暗关系的产生
2. 明暗关系的理解
3. 宝石明暗关系的处理

致广大而尽精微，极高明而道中庸。——《中庸》

非美术专业的学生对于明暗关系的处理不是很清楚，甚至很陌生，在手绘过程中处理阴影及明暗、虚实的表现时，常常逐一仔细刻画，只见树木不见森林，导致画面的主次关系不清，重点不突出，画风无趣呆板。掌握明暗关系，对设计作品有重要意义。因此本章主要讲解明暗关系的处理，这对在进行手绘设计时，如何处理明暗关系，如何表现立体效果，会有很大的帮助。

一、明暗关系概念

任何一个物体，在光的照射下都会有明暗变化。通常看到的物体都是由于光的反射所形成。根据物理学原理，光的照射呈平行的状态前进，当光遇到物体时，依据物体的光滑或粗糙程度，以及视者的角度，从而产生不同的反射，表现出不同的明暗关系。

在珠宝设计的过程中，通常会假设光源从左上方射入。当物体受光后，受光面呈现明，背光面呈现暗。一般明暗关系包含三大面和五调子：三大面即亮面、灰面和暗面；五调子即亮面（含高光）、灰面、明暗交界线、反光和投影。

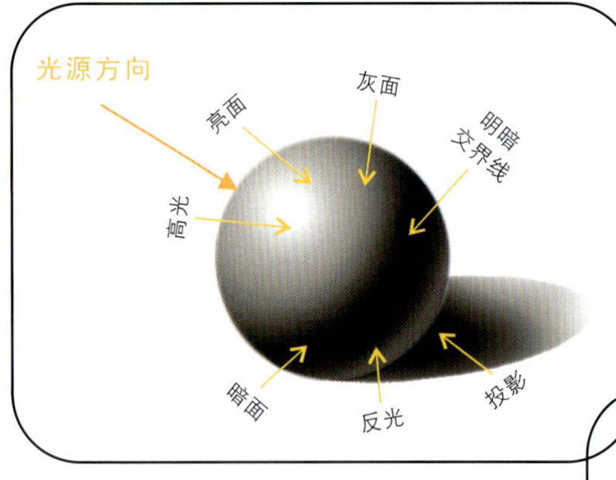

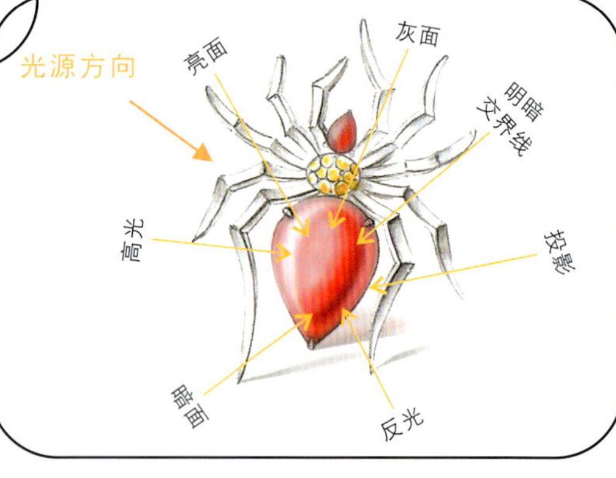

二、找准明暗关系

当物像受到光的照射而产生明暗关系变化时，物体的结构、形体、比例等特征才得以显现，才能让人识别和表现。那么，如何才能找准明暗关系呢?

当物像在光线的照射之下，都会出现受光面和背光面，呈现的色调也会有深浅的变化。物像受光面的色调会比较亮，而在亮色调中，某些凸起的点就可能形成高光，高光部位的色调最亮；物像背光面的色调会比较暗，而在灰色调中，某些凹下去的部位就可能形成暗部，暗部的色调最暗。

因此在使用彩色铅笔上色过程中，先确定好物像受光面和背光面，再将相近的两个部位进行对比，哪个部位最亮或最暗。只有掌握好物像明暗关系的基本规律，才能更方便准确地表现出物像不同的明暗效果。

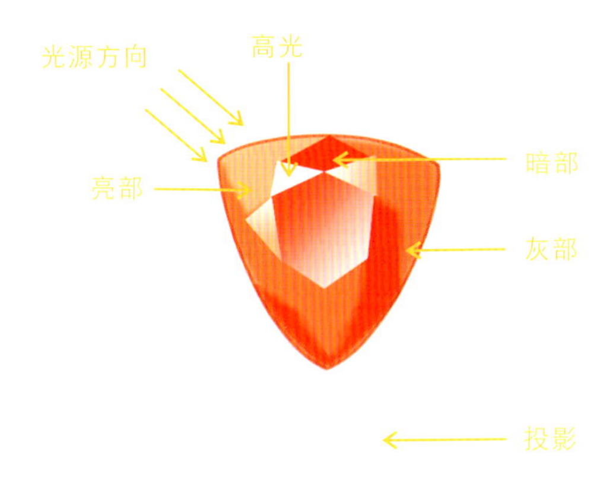

受光面：高光和亮部，其中高光最亮；
背光面：灰部和暗部，其中暗部最暗。
反光比高光暗，比亮部亮。

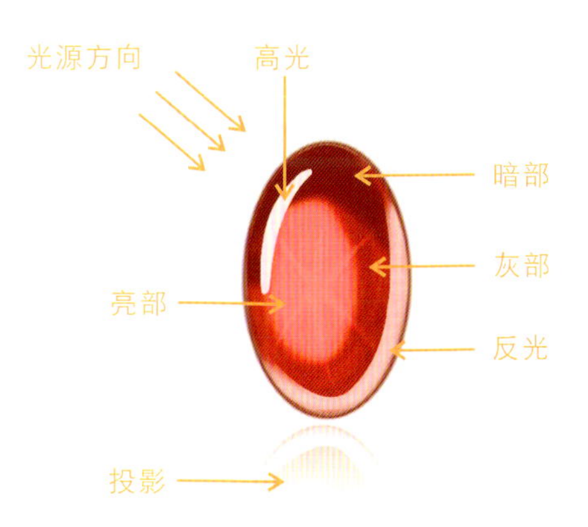

三、宝石与戒指的明暗关系

宝石的明暗关系

假设宝石的光源来自左上方，不同材质宝石的亮部、暗部、投影会分别呈现出不同的明暗关系。表面光滑的宝石，高光特别明显；而表面凹凸不平的宝石，明暗的转折变化则会非常的丰富。宝石还因其半透明的特性不但高光形状特别明显，在其投影处还会呈现宝石本身的色彩。

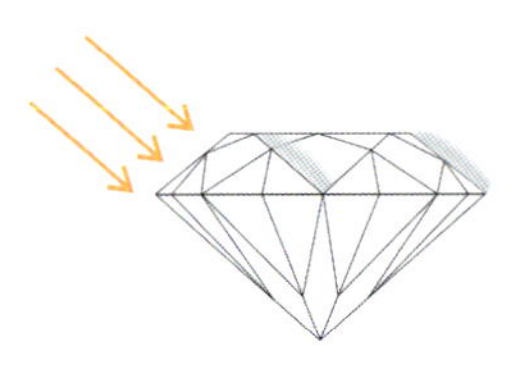

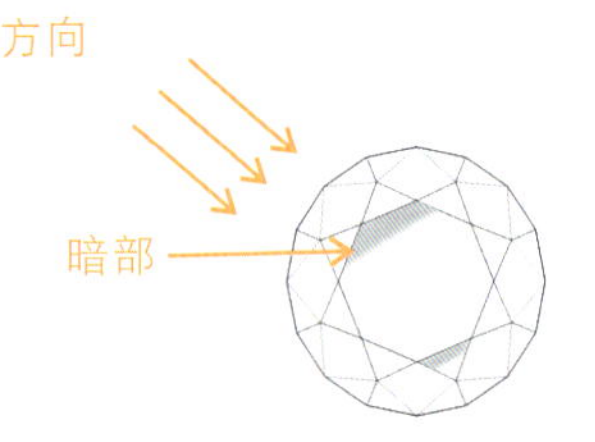

刻面宝石的明暗关系

刻面宝石的受光如左图所示。

> 光源从刻面宝石左上方射入，左上方部分的刻面是受光面，呈现明亮，逆光的部分呈现暗，反映到正面图如左图所示，据此可依次画出宝石的明暗关系。

素面宝石的明暗关系

素面宝石的受光如左图所示。

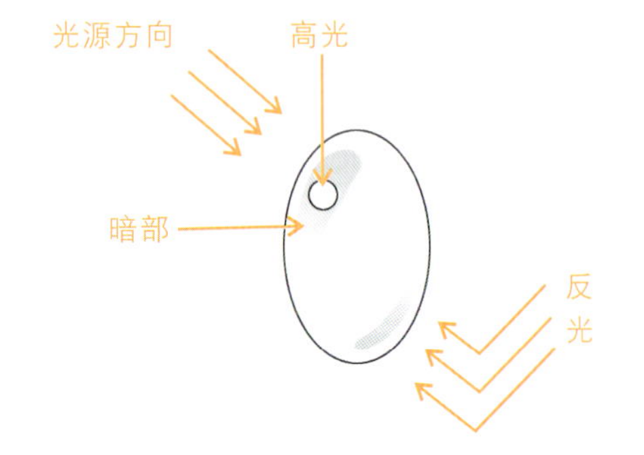

> 素面宝石在受到光线的射入时，会出现高光亮点，这类宝石多为不透明的有色宝石。因此在宝石高光周围，根据宝石颜色由深到浅刻画，注意在宝石右下方留出反光。

戒指的明暗关系

以三维立体的效果来展示戒指受光的明暗，如右图所示。

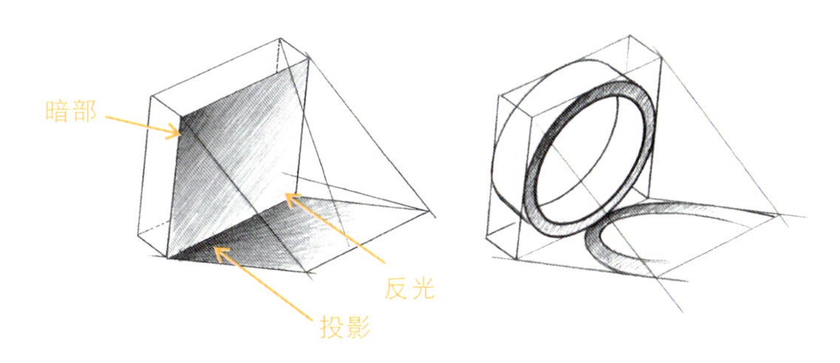

戒指各个方向明暗关系图解

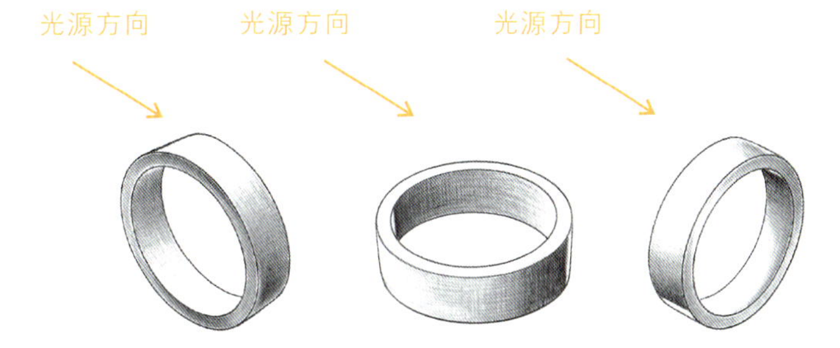

思考练习

戒指不同角度的明暗关系如何？尝试画出戒指不同角度的明暗关系。

第7章 基本线条练习

学习目标：通过本章的学习，读者可学习内容有

1. 手绘临摹练习
2. 手绘基本线条练习
3. 手绘基本线条进阶练习

用极其简单的线条勾勒出最具创意的设计。——黄湘民

临摹在学习珠宝首饰设计的初级阶段有其意义所在，线条是否干净流畅是设计图是否优秀的基本条件。因此练习线条就成为学习珠宝首饰设计的首要功课。本章选择用最原始的方式，快速提高读者的手绘水平。临摹的过程，眼手合一，是需要不断学习的过程，历代的画家无不是遵循这样的原则，即使是在印象派时期也可以看到梵高临摹浮世绘的作品，毕加索临摹非洲木雕的作品，张大千临摹敦煌的作品……

一、手绘临摹练习

通过对一个作品的临摹，学习掌握这幅作品的绘画技法以及理解艺术家的构思。有一点需要明确，临摹不同于简单模仿。临摹一般作为一种学习的手段，目的是以一个作品为例子进行学习，为创作打下基础，是手段不是目的。

临摹的意义

临摹就好像是从别人手里得到赠送的礼物，至于得到这份礼物后，如何消化、吸收、改造，并且重新变为创作，会受很多因素影响：人生的阅历，个人的修养，读过的书，走过的路，交过的朋友等。

临摹的要求

临摹是一种手、眼、脑的整体训练，并不是随便找一幅画临摹就可以了。孔子教育学生："取乎其上，得乎其中；取乎其中，得乎其下；取乎其下，则无所得矣。"所以选择临摹的范本一定要经过反复推敲。

手绘临摹线条练习注意事项

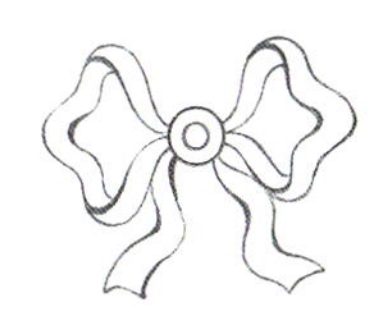

保持耐心和信心

学习手绘要保持耐心和信心，集中学习和持之以恒相结合。要做到手、眼、脑之间的相互协调、相互配合。

集中学习

集中学习意味着学习时间和内容上的相对集中。一般在校学习的学生都有这样的机会，在职进修的学生，艺术基础较为薄弱，集中学习更是必要。

多练多画

学习手绘一定要有一个从量变到质变的过程，争取在有限的学习时间内完成几次质的飞跃。是“先知道怎么画再去画”还是“先去画再解决怎么画”？笔者个人认同后者，后者是由“热爱”所驱使，先去做，发现问题再去找原理来解决。进步就是这样一边试错，一边前进。即便有了老师，试错依然是不可避免的过程。因为任何一个专业，之所以有趣，就在于探索新事物。此外，没有一定的数量练习，理论不可能被吸收，也就成为一纸空文。

二、手绘基本线条练习

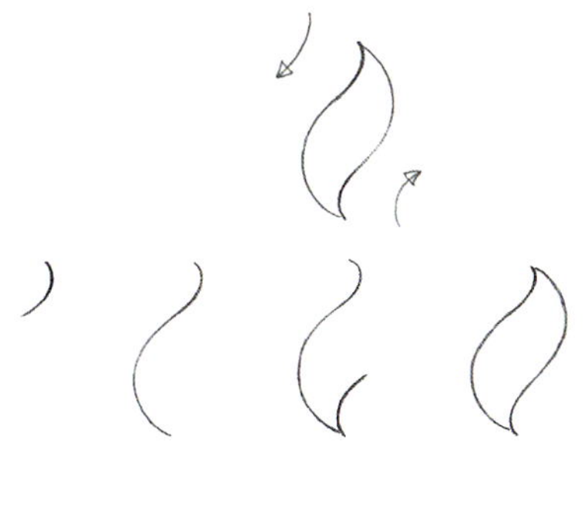

双“S”图形在首饰设计造型上经常用到，它让作品显得更活泼、更具有灵动性，因此“S”形线条的灵活运用很重要。手描时，画纸可朝着自己最易画的线条方向转动，且一段一段的描绘，每一笔尽量拉长，线条与线条的结合处要使其完整如一，看不出接头。

“S”形线条是曲线弧度的美感组合，“S”形线条的变化，可组合画出各种图形。绘画时落笔要有轻重之感，这样才能灵活画出具有美感的弧线。

三、手绘基本线条进阶练习

在平时可以多进行一些基本线条训练，如平行线、平行曲线、垂直线、弧线等，用以增加绘图时的手感。此外，线条的软硬、粗细、轻重等传达的语意也不一样，因此在练习过程中也可以做相应练习。

双“S”线条的重叠练习，笔触在转折、重叠的地方用重线，可表现出其厚度和前后的关系。

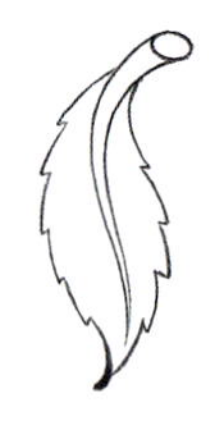

画叶子形态时要注意叶子主脉络的走向和叶子转折的部位。

要注意心形的前后关系，转折的地方厚度的表现。

画莲花的时候要尽量表现出其柔美绽放之姿，枝干的线条要一气呵成，不可出现毛糙的笔触。

羽毛要注意其错落的层次感，线条的虚实变化，线条尽量柔美，表现出羽毛轻柔的感觉。在绘画的时候要做到平心静气，每一笔每一画的线条都要做到一气呵成。

思考练习

绘制线条时要注意什么？请尝试练习各种基本线条、形态的画法。

64

第8 宝石镶嵌画法

学习目标：通过对本章的学习，读者可学习到

1. 珠宝的镶嵌工艺
2. 各种镶嵌工艺的结构和特点

着眼大局、勤于练习、微于细节、贵于专业。——黄湘民

在珠宝首饰的制作过程中，大部分的珠宝首饰都是由多个零部件组合而成，而珠宝首饰的镶嵌工艺，则是一门技艺要求很高的技术。所谓镶嵌，则是将宝石用各种合适的方法固定在金属托架上，是宝石与金属相结合的方式。在镶嵌类的珠宝款式中，宝石是首饰的主角，而金属托架是陪衬，因此镶嵌的质量直接影响着珠宝首饰的品质和最终的效果。

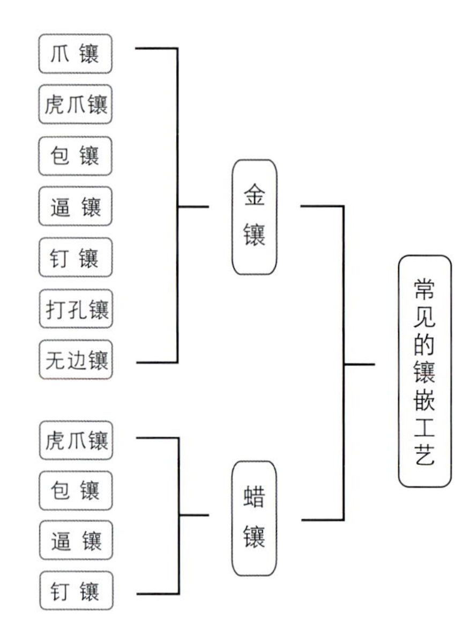

一、爪镶

即用金属托架上预先设置的爪，在金属爪上方开一个细微缺口，然后将宝石的腰部镶在缺口中，压紧扣住宝石。爪镶是最经典的镶嵌方法之一。镶嵌一颗宝石所需要爪的数量，通常根据宝石的大小和形状，结合力学和美学来确定。

优点

- 爪镶能最大程度的突出宝石的优点，使宝石更显优美。
- 工艺制作方便，且牢固不易脱落。
- 佩戴的首饰简洁、大方、突出、经典。
- 便于观察宝石的品质。
- 易于清洗、保养。

缺点

- 暴露的程度比较大，宝石碰撞后有可能碎裂。
- 容易刮到衣物、头发。

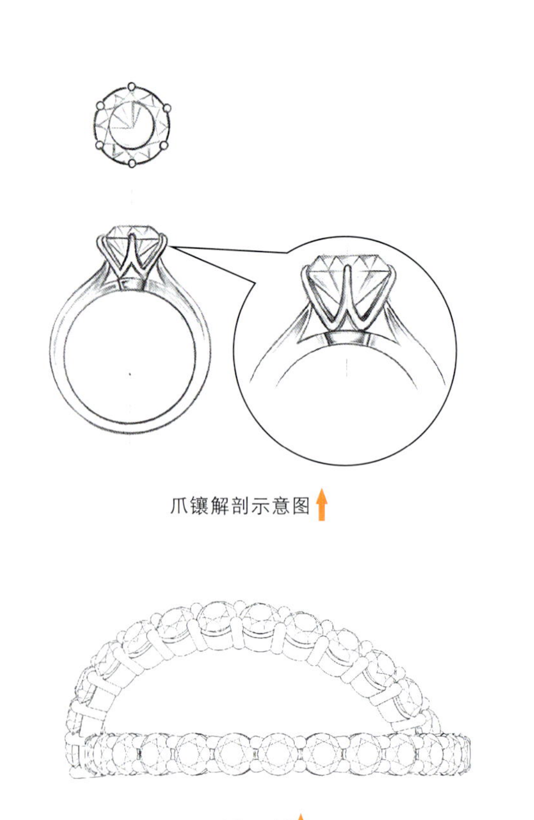

爪镶解剖示意图

爪镶示例

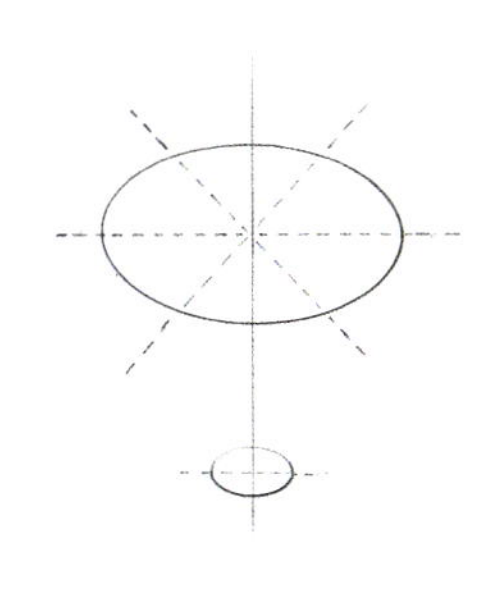

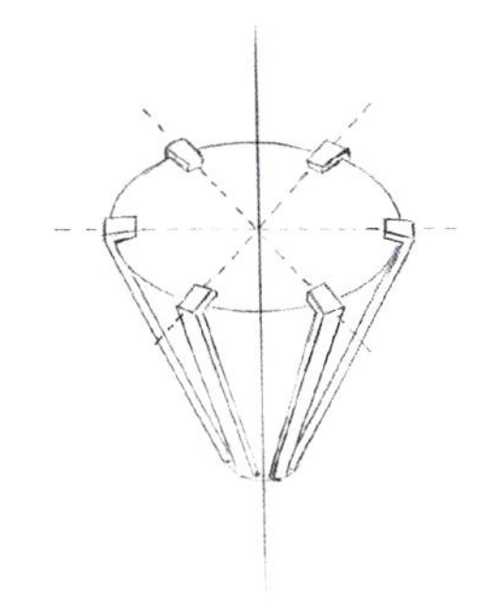

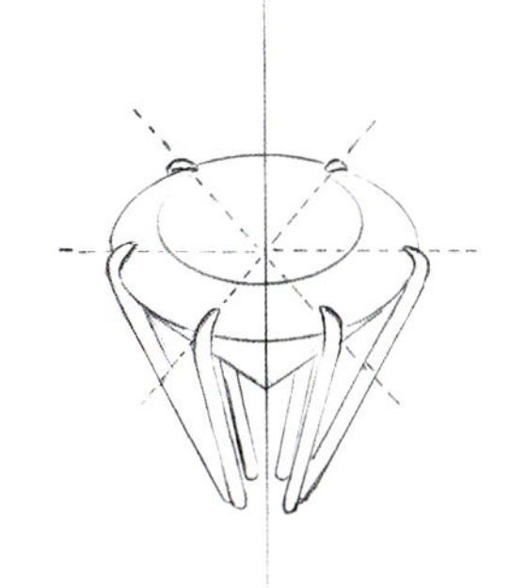

六爪画法解剖示意图

常见爪的形态

根据爪的形态有三角爪、圆爪、方爪、指甲爪、尖角爪、双爪、心形爪等。

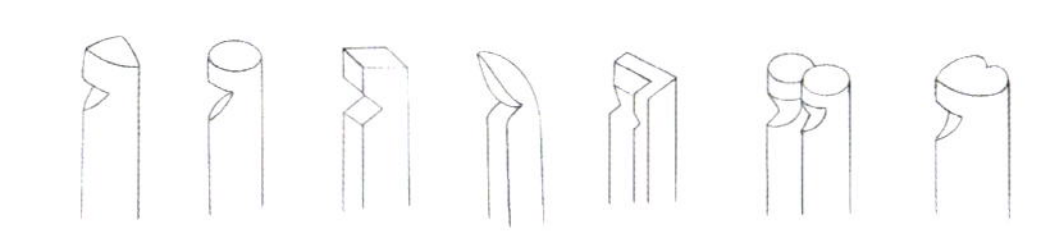

三角爪　圆爪　方爪　指甲爪　尖角爪　双爪　心形爪

常见爪镶所需爪的数量

根据镶爪的数量，常见的爪镶有二爪、三爪、四爪、六爪等，一般均匀分布在宝石周围。

爪镶爪的结构分布示意图 →

爪镶正侧面示意图 ↓

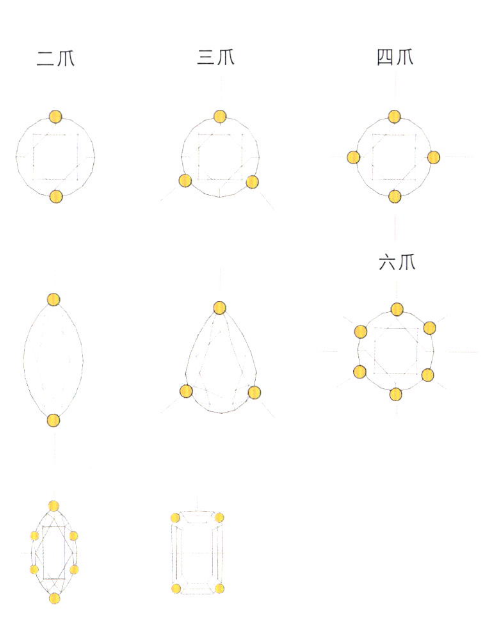

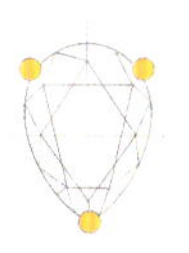

常见爪镶画法示例

二爪镶

三爪镶

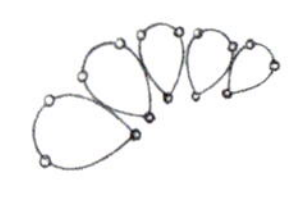

四爪镶

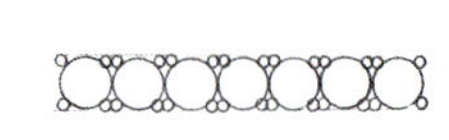

爪镶示例

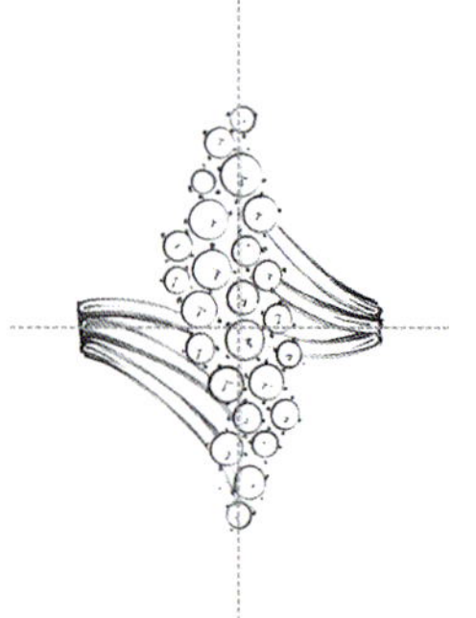

二、虎爪镶

虎爪镶是指在贵金属上，制成连续的几组细小金属爪的一种镶嵌方式，这种镶嵌的方式主要用于镶嵌配石。虎爪的形状像三角形或圆形，虎头细微几乎不可见，且镶口底部呈“U”形。镶嵌之后没有金边，满眼见到全是宝石，对于镶嵌配石来说是一种比较牢固的镶法。其优势在于

- 尽展宝石光芒。
- 可镶嵌出具有连续性和完整性的效果。
- 外观如丝般顺滑。

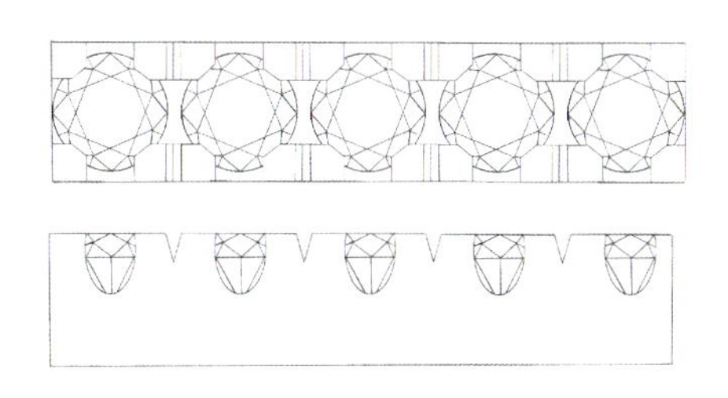

虎爪镶解剖示意图

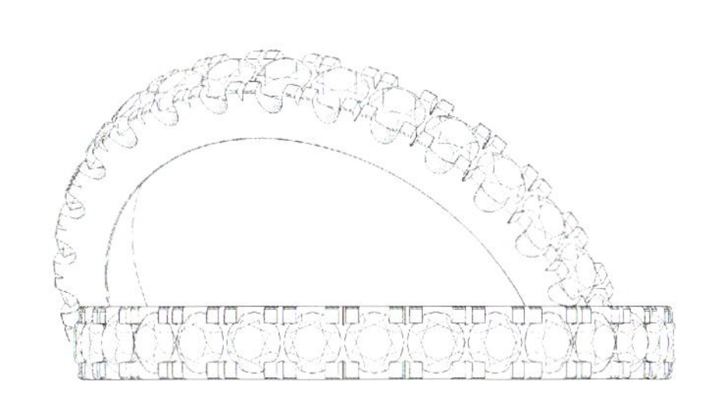

虎爪镶示例

虎爪镶示例

三、包镶

用金属框（又称镶口）从宝石腰部安全地包住宝石整个边缘的一种镶嵌方法。其款式多样，有全包镶、半包镶等。多用于颗粒比较大、价格昂贵、色彩鲜艳的宝石（如弧面型款式的红宝石、蓝宝石、月光石等）和玉石的镶嵌。

优点

· 镶口非常牢固，能很好地保护所镶的宝石。

· 给人富贵、稳重、端正的感觉。

· 厚实，有重量感，外观光滑。

缺点

· 透光性差，宝石的美不能充分体现。

· 用金料较多，显得比较笨重。

· 烂石风险大。

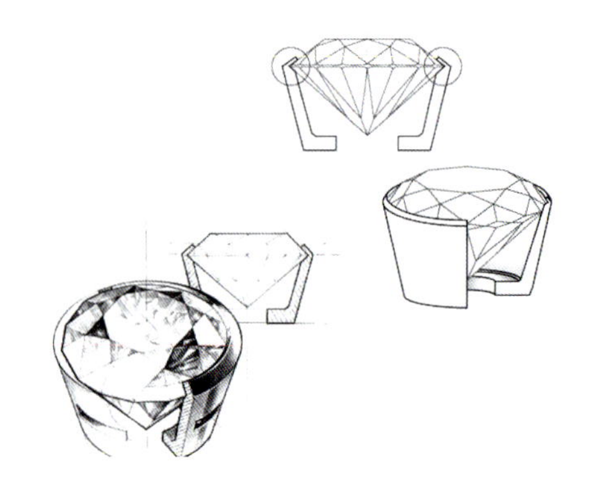

包镶解剖示意图

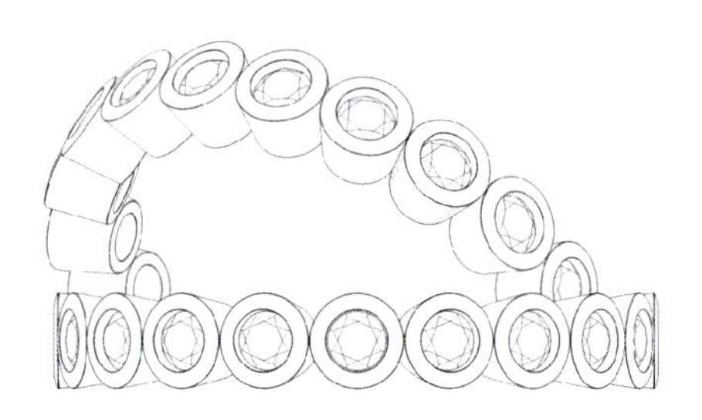

包镶示例

包镶示例

四、逼镶

逼镶又称为轨道镶或者夹镶，它主要是在镶口侧边车出槽位，将宝石放进槽位中，夹住宝石腰部并打压牢固的一种镶嵌方法。高档首饰的副石镶嵌常用此法。另外一些方形、梯形宝石也用逼镶的方法来镶嵌。

优点

· 逼镶外观线条流畅，宝石分布整洁美观。

· 显得豪华珍贵，不失奢华。

· 使人感到宝石犹如盘旋在空中的精灵。

缺点

· 加工繁琐，成本较高，碎石概率大。

· 入光相对较少，光泽较差。

逼镶解剖示意图

逼镶示例

逼镶示例

五、钉镶

钉镶又称铲边镶，是利用金属的延展性，用钢针或钢铲在镶口的边缘铲出几个钉头，再挤压钉头，用以卡住宝石的一种典型的首饰镶嵌方法。因起的钉往往都比较小，因此通常用于较小的宝石镶嵌。钉镶的特点在于镶嵌之后外围有明显的金边。根据钉镶排石的方法可分为线形钉镶、三角形钉镶、梅花形钉镶、规则群镶和不规则群镶等，有时钉与宝石相互配合时又可分为三钉一石、四钉一石、六钉一石（梅花钉）等钉镶方式。

优点

· 光线透入及反射充足，突显宝石耀眼的光芒。

· 大面积用这种镶嵌工艺，有波光粼粼的效果。

· 加工容易，成本较低。

缺点

· 宝石较容易脱落。

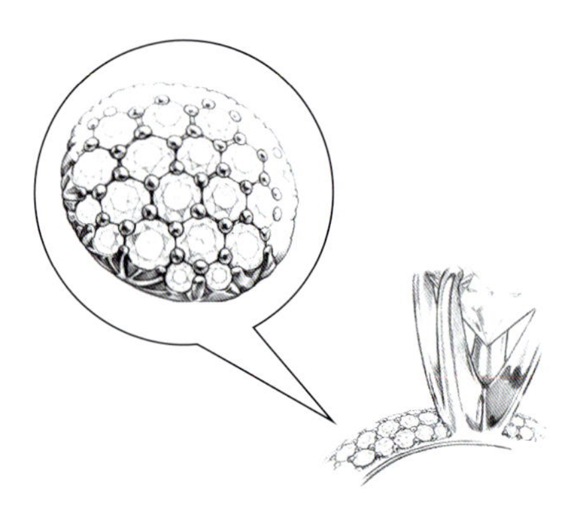

钉镶解剖示意图

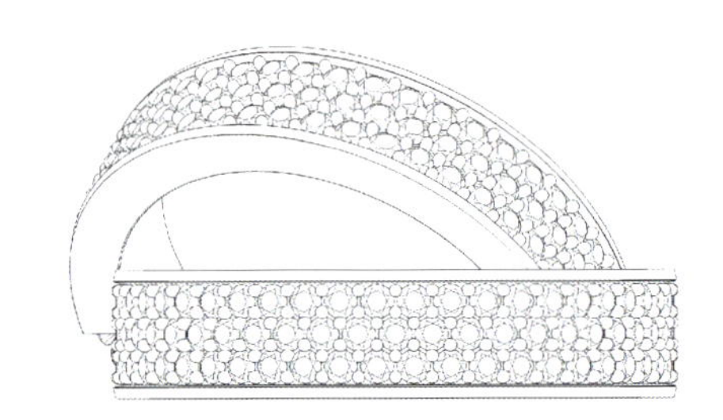

钉镶示例

钉镶示例

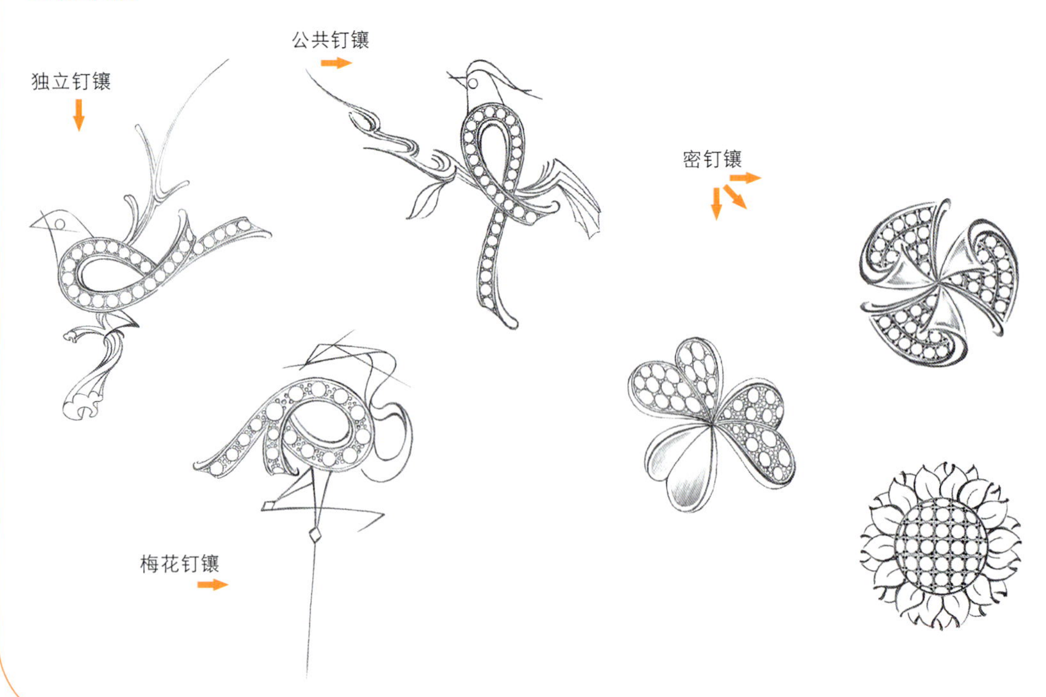

六、打孔镶

将圆珠状的宝石或珍珠、琥珀等打孔后，用金属托架上焊接的金属针来固定宝石的一种镶嵌方法。

因珠状或近似珠状宝石（如珍珠）的镶嵌很难采用爪镶、钉镶或包镶等其他的镶嵌方式来来镶嵌。过去人们常常采用粘镶法将其“镶嵌”，其实此法只是用专用胶将宝石粘在金属托架上，往往不够牢固，所以用打孔镶工艺，增加其牢固性。

根据镶嵌的需要，通常将珠状或近似珠状的宝石采用打通孔或者半孔的方式。其优势在于

· 对宝石无任何的遮挡，能最大程度地突显宝石的美。

· 加以群镶碎钻的相称，更显高贵典雅。

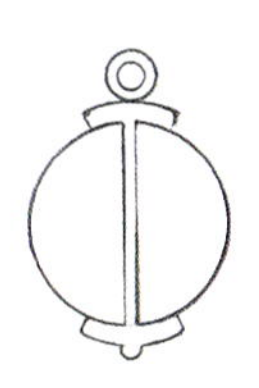

通孔镶剖面图

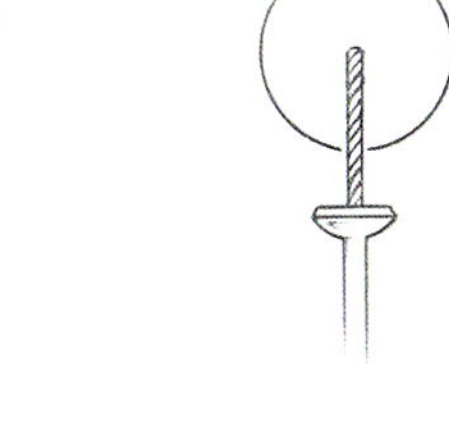

打孔镶剖面图

半孔镶剖面图

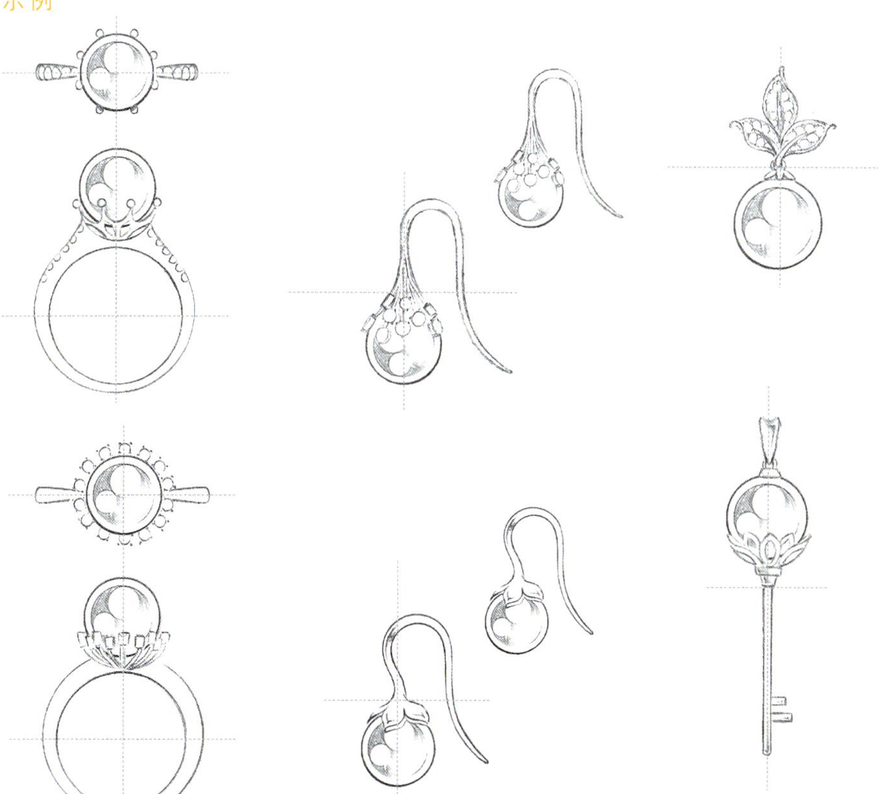

七、无边镶

无边镶是通过金属托架边部挤压作用，实现群镶宝石的一种难度极高的镶嵌方法。

无边镶并不是没有边，只是宝石之间没边，但金属托架上有外围边。利用宝石与金属边之间的挤压来彼此固定。

优点

- 几颗小宝石能拼接出大宝石的效果。
- 豪华款彰显个人风格。

缺点

- 需要车石，损耗较大。
- 宝石容易松动和脱落。
- 成本较高，工时较长。

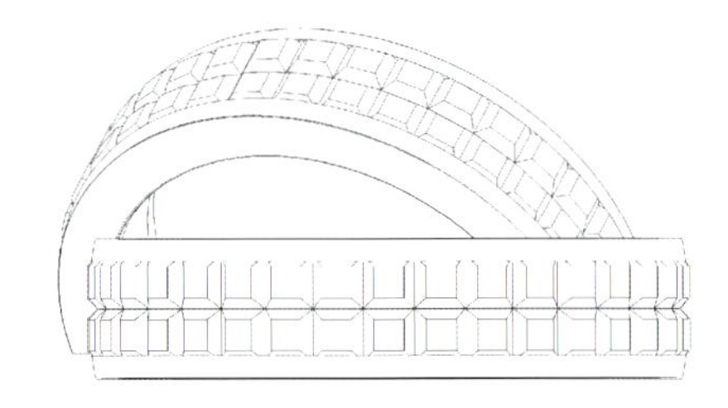

无边镶示例

无边镶示例

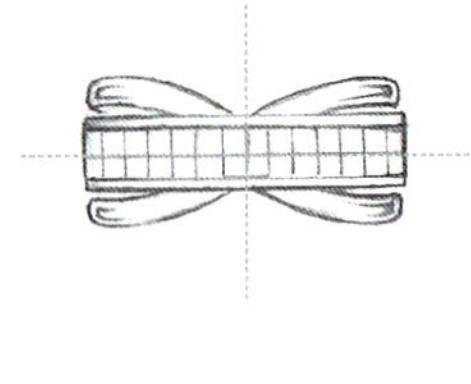

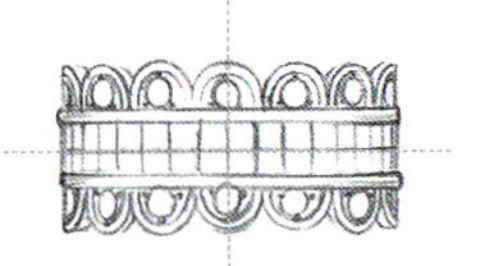

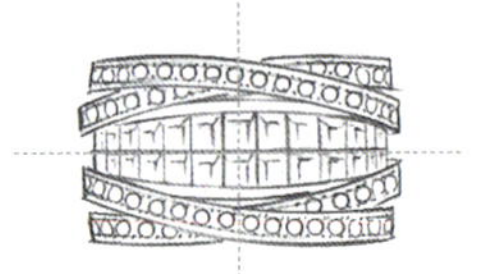

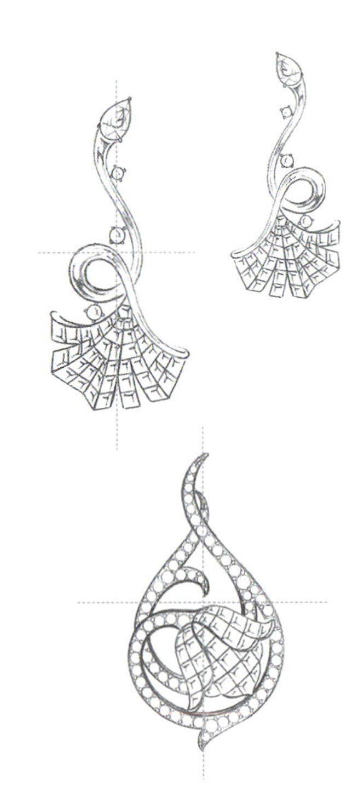

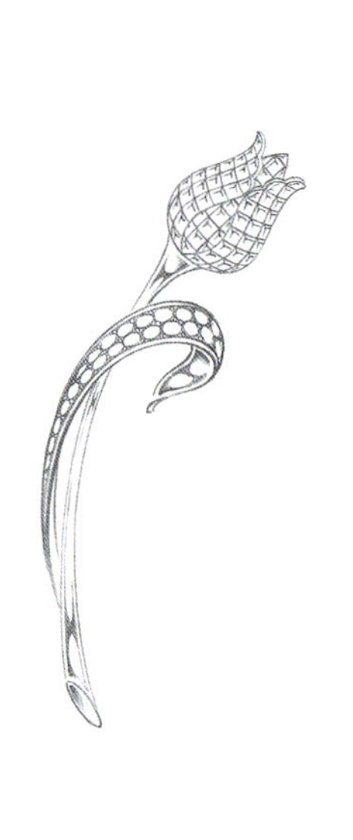

八、蜡镶

把宝石直接镶嵌在蜡模上，然后植树、灌浆、浇铸。得到已经嵌有宝石的铸件，再经过修整和抛光，就成为镶嵌首饰。适宜采用蜡镶工艺的宝石只有有限的几种，如钻石、红宝石、蓝宝石、石榴石以及锆石等，它们必须能经受住高温的冲击。

九、微镶

在显微镜下用镶嵌工具对小钻石进行镶嵌的一种方法，这种镶法的钉看上去非常细小，通常需要借助放大镜来观察，是一种能极好地展现钻石光彩的方法。分钉微镶、虎爪微镶、起片加爪等。镶嵌技术同钉镶技术基本相同，都是用于小钻石镶嵌，但微镶的钉比钉镶小许多，钻石间镶嵌得很紧密，金属并不显示出来。微镶基本上可取代传统的钉镶，用微镶的方法镶出来的首饰比钉镶的工艺精美得多，因为微镶的边铲得直且光滑，钉也比较细，清晰且圆。微镶的表面看上去全由钻石铺平，其优势在于见石不见金，让钻石光彩夺目。

思考练习

尝试各种镶嵌的画法。

第9章　宝石的画法与上色

学习目标：通过本章的学习，读者可掌握到

1. 常见宝石的画法与上色
2. 配钻的画法
3. 宝石的上色

从现实着手，到入上帝之眼，全在于珠宝艺术的精妙。

——黄湘民

在珠宝设计过程中，时常要表达各种宝石的外形特征及色泽。本章将学习宝石的画法与上色。宝石根据切磨形状可分为圆形、心形、梨形、方形、马眼形、椭圆形、祖母绿形、肥三角形、枕形等。在表现宝石刻面时，一般对刻面数量进行简化。

画珠宝首饰设计效果图主要使用水溶性彩色铅笔（以下简称彩铅）、补色笔、水彩和水粉来着色。这4种材料各有特点，在画珠宝首饰设计效果图时混合使用，可达到事半功倍的效果。本书主要运用水溶性彩铅进行着色。

彩铅是通过多层叠加的方式表现出物体的色彩变化，绘画时要从局部入手，先用亮色的彩铅，再用深色彩铅。上色时要一层层慢慢叠加，叠加的颜色要平滑，色调变化可以通过排线方法实现。每加一层线条的排列要与下层线条有一定的角度变化。由于彩铅是蜡质的，有些纸涂不上太浓太多的颜色，着色过的部分再覆色比较难，所以最好一次把颜色画足。

一、刻面宝石的画法

圆形刻面宝石画法

尺寸：直径15mm

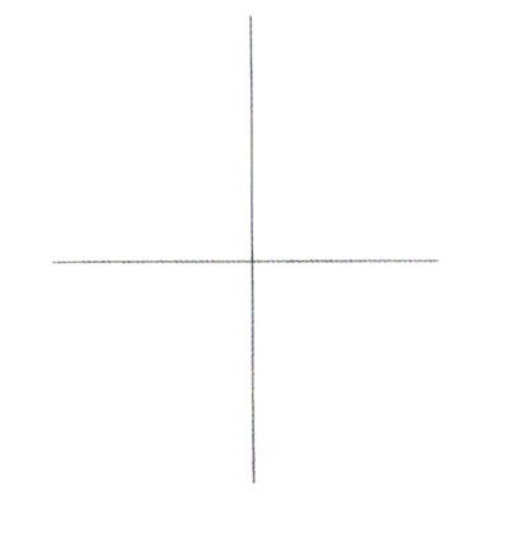

1 用直尺画出垂直十字定线（辅助线尽量轻，方便后期擦除）。

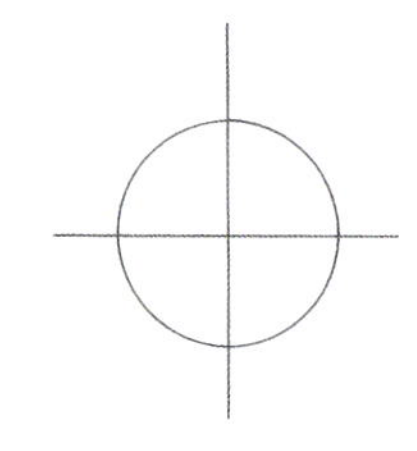

2 在十字定线上用圆形模板画出圆的大小（用圆形模板上的三孔定位法）。

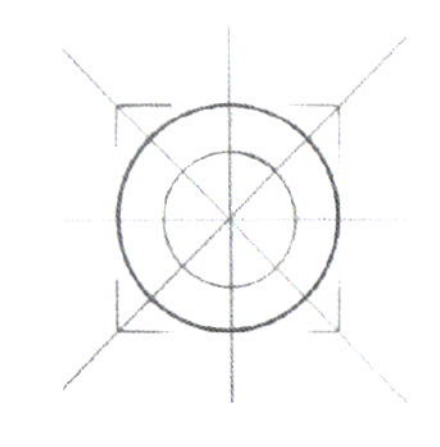

3 作一个外切正方形辅助线并作对角线。用圆形模板画出一个同心圆作为台面（台面的大小占整个圆的53%～60%）。

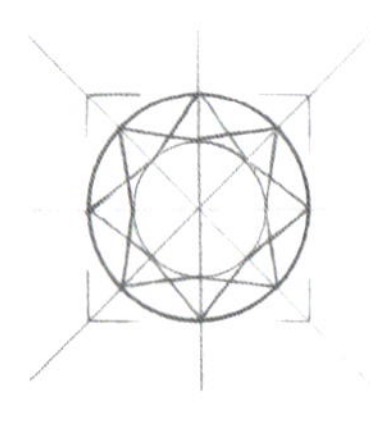

4 用直线连接外圆形与内圆形上的各点，画出冠部星刻面。

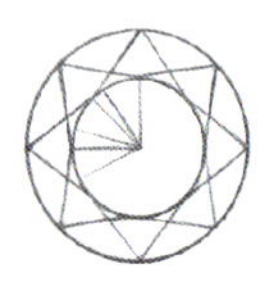

5 擦除辅助线，然后用直线画出亭部映射在台面上的刻面线。

梨形刻面宝石画法

尺寸：16mmx11mm

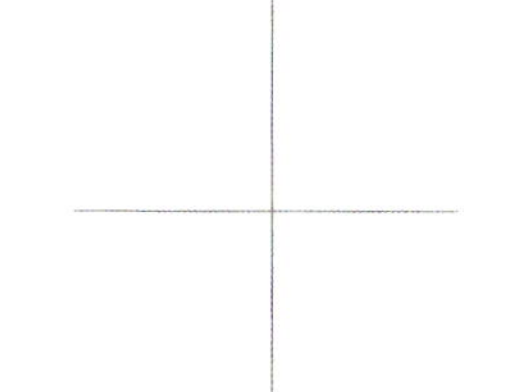

1 用直尺画出垂直十字定线（辅助线尽量轻，方便后期擦除）。

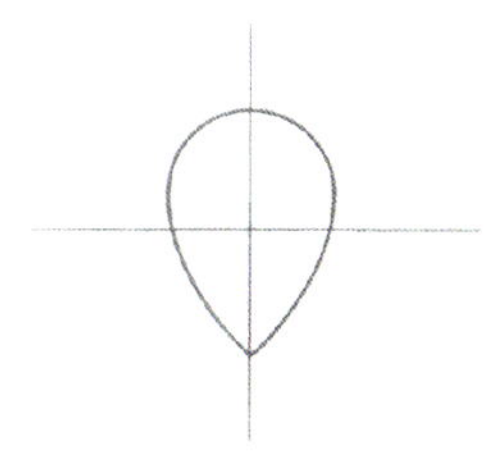

2 在十字定线上用宝石模板画出梨形的大小。

3 作一个外切长方形辅助并作对角线。用宝石模板画出一个同心梨形作为台面（台面的大小占整个梨形的53%～60%）。

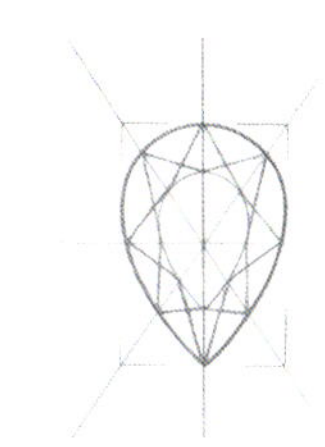

4 用直线连接外梨形与内梨形上的各点，画出冠部星刻面。

5 擦除辅助线，然后用直线画出亭部映射在台面上的刻面线。

马眼形刻面宝石画法

尺寸：16mmx8mm

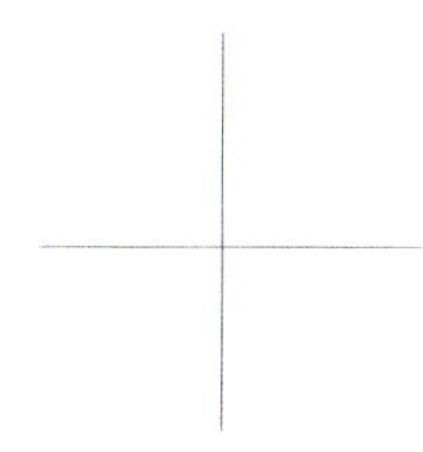

1 用直尺画出垂直十字定线（辅助线尽量轻，方便后期擦除）。

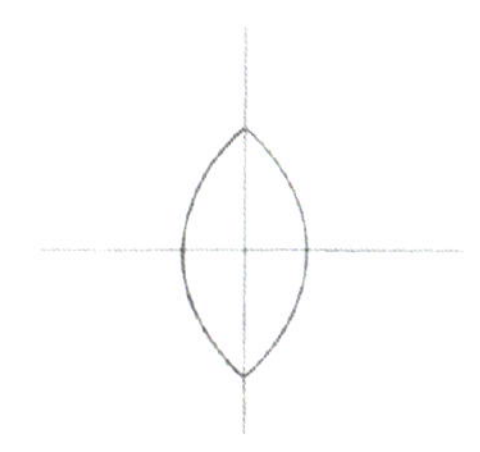

2 在十字定线上用圆形模板画出马眼形的大小。

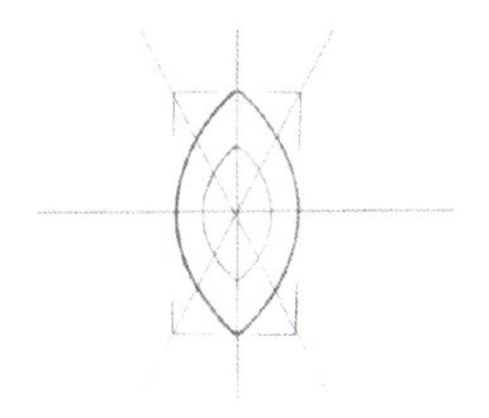

3 作一个外切长方形辅助并作对角线。用圆形模板画出一个同心马眼形作为台面（台面的大小占整个马眼形的53%～60%）。

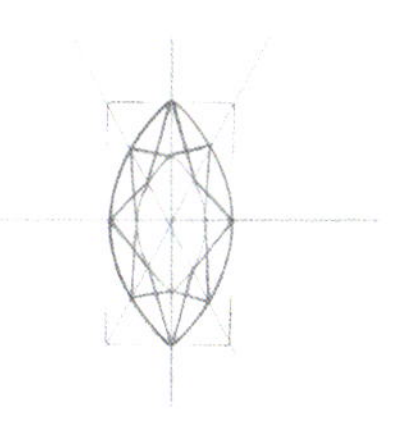

4 用直线连接外马眼形与内马眼形上的各点，画出冠部星刻面。

5 擦除辅助线，然后用直线画出亭部映射在台面上的刻面线。

椭圆形刻面宝石画法

尺寸：16mmx12mm

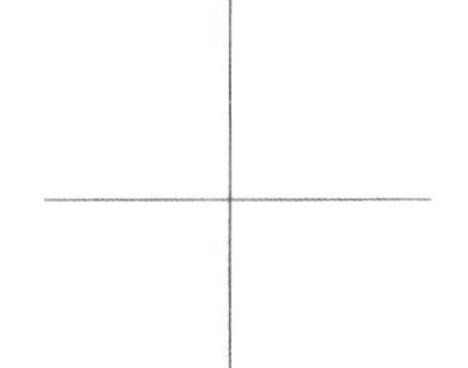

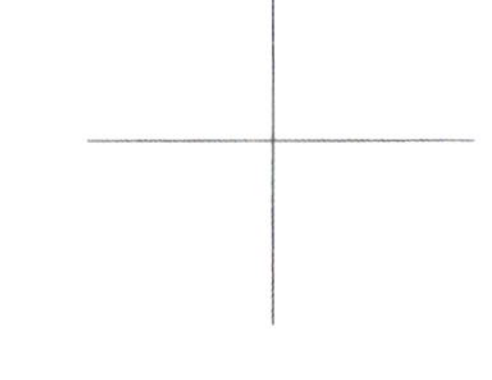

1 用直尺画出垂直十字定线（辅助线尽量轻，方便后期擦除）。

2 在十字定线上用宝石模板画出椭圆形的大小。

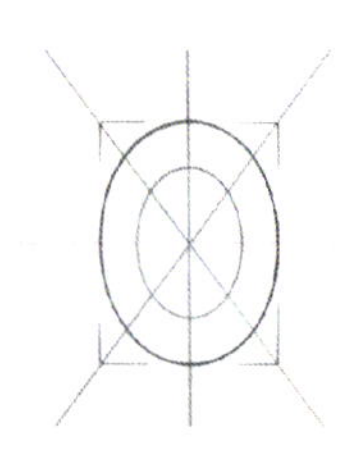

3 作一个外切长方形辅助并作对角线。用宝石模板画一个同心椭圆形作为台面（台面的大小占整个椭圆形的53%～60%）。

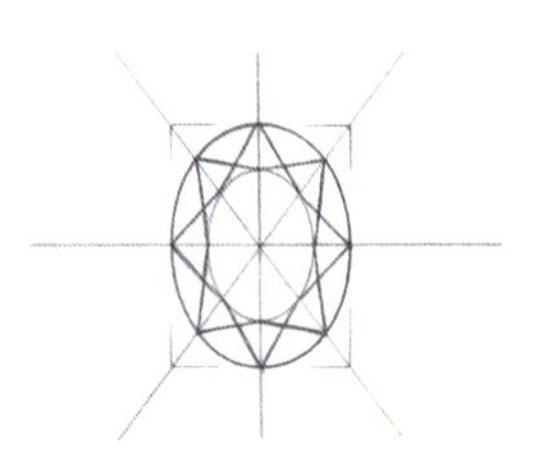

4 用直线连接外椭圆形与内椭圆形上的各点，画出冠部星刻面。

5 擦除辅助线，然后用直线画出亭部映射在台面上的刻面线。

祖母绿形刻面宝石画法

尺寸：14mmx12mm

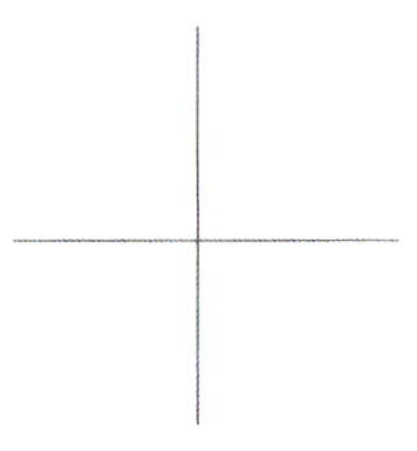

1 用直尺画出垂直十字定线（辅助线尽量轻，方便后期擦除）。

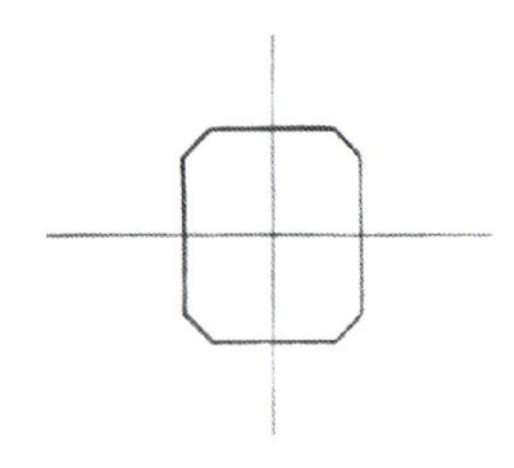

2 在十字定线上用宝石模板画出祖母绿形的大小。

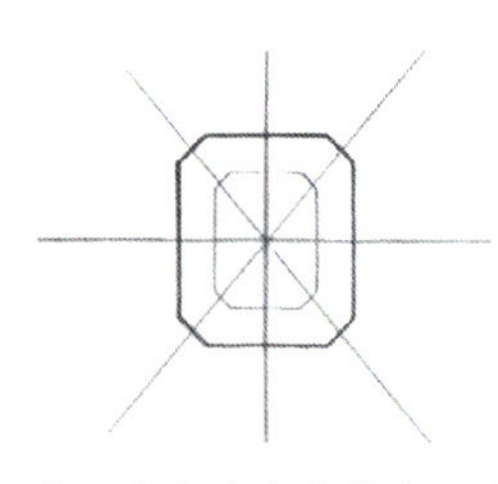

3 作垂直十字定线的角平分线。用宝石模板画出一个同心祖母绿形作为台面（台面的大小占整个祖母绿形的53%～60%）。

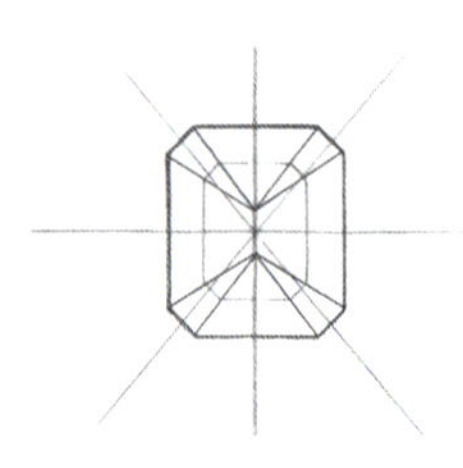

4 将内祖母绿形的高分成三等份，然后用直线连接外祖母绿形与内祖母绿形上的各点，画出冠部星刻面。

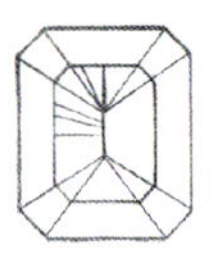

5 擦除辅助线，然后用直线画出亭部映射在台面上的刻面。

心形刻面宝石画法

尺寸：15mmx15mm

1 用直尺画出垂直十字定线（辅助线尽量轻，方便后期擦除）。

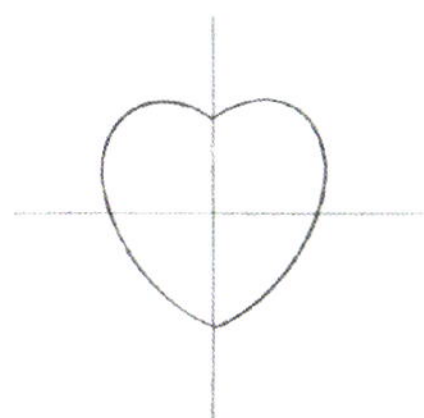

2 在十字定线上用宝石模板画出心形的大小。

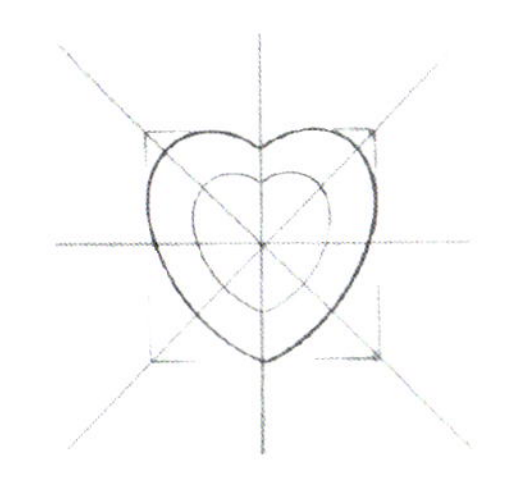

3 作一个外切正方形辅助并作对角线。用宝石模板画出一个同心心形作为台面（台面的大小占整个心形的53%～60%）。

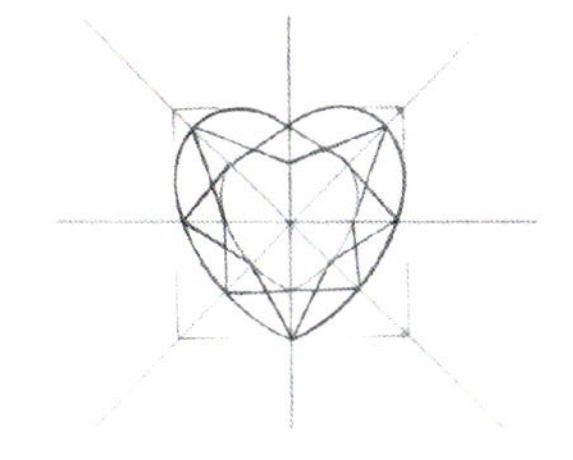

4 用直线连接外心形与内心形上的各点，画出冠部星刻面。

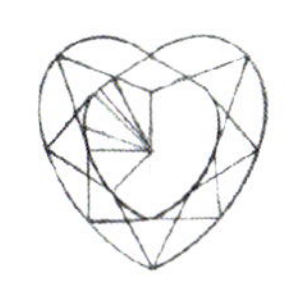

5 擦除辅助线，然后用直线画出亭部映射在台面上的刻面线。

方形刻面宝石画法

尺寸：13mmx13mm

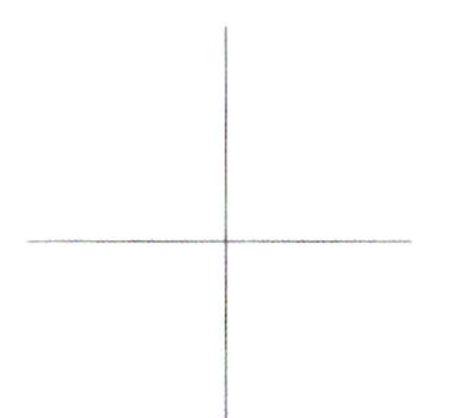

1 用直尺画出垂直十字定线（辅助线尽量轻，方便后期擦除）。

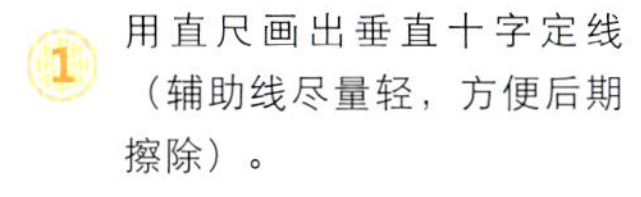

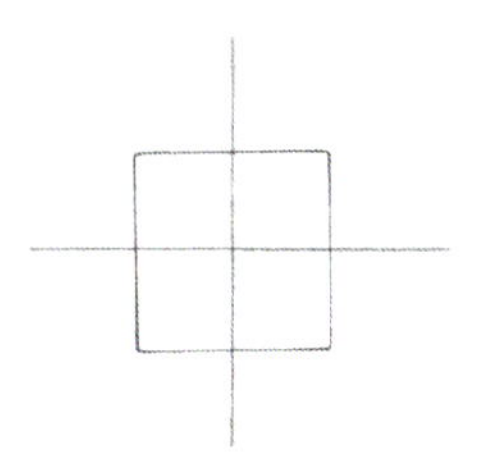

2 在十字定线上用宝石模板画出方形的大小。

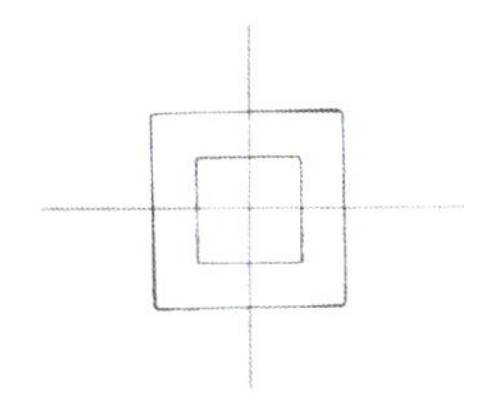

3 用宝石模板画出一个同心方形作为台面（台面的大小占整个方形的53%～60%）。

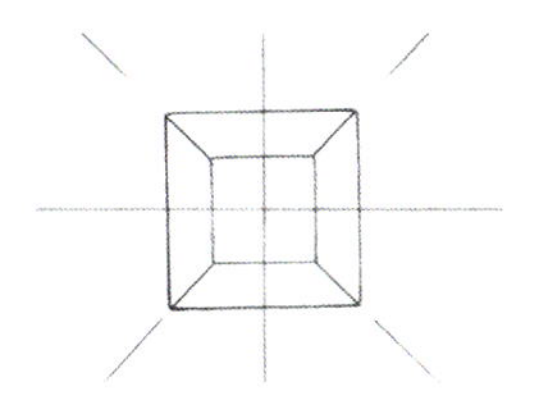

4 用直线连接外方形与内方形上的各点，画出冠部星刻面。

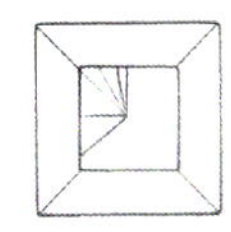

5 擦除辅助线，然后用直线画出亭部映射在台面上的刻面线。

枕形刻面宝石画法

尺寸：14mm

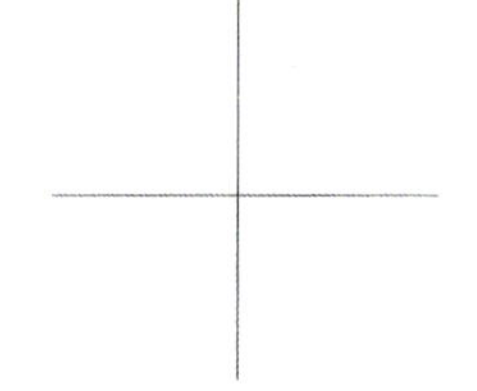
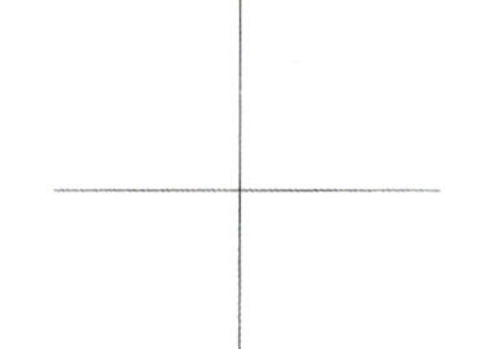

1 用直尺画出垂直十字定线（辅助线尽量轻，方便后期擦除）。

2 在十字定线上用宝石模板画出枕形的大小。

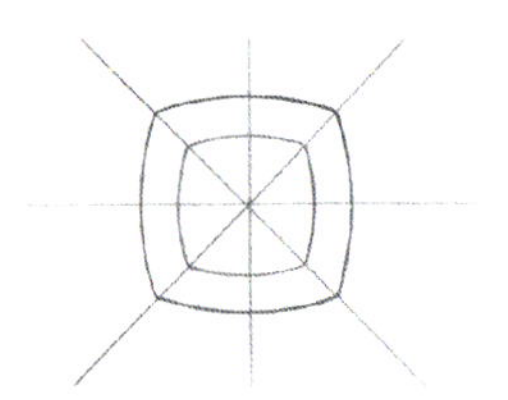

3 作垂直十字定线的角平分线。用宝石模板画一个同心枕形作为台面（台面的大小占整个枕形的53%～60%）。

4 用直线连接外枕形与内枕形上的各点，画出冠部星刻面。

5 擦除辅助线，然后用直线画出亭部映射在台面上的刻面。

肥三角形刻面宝石画法

尺寸：边长为14mm

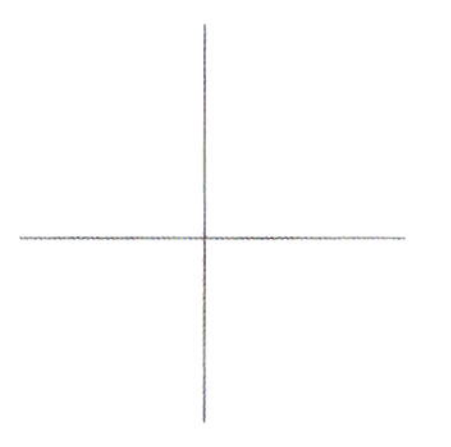

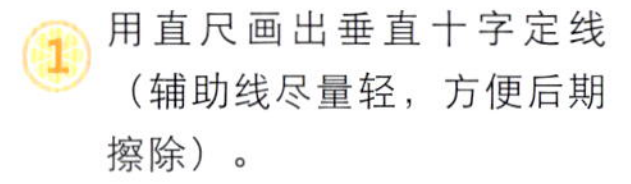

1 用直尺画出垂直十字定线（辅助线尽量轻，方便后期擦除）。

2 在十字定线上用宝石模板画出肥三角形的大小。

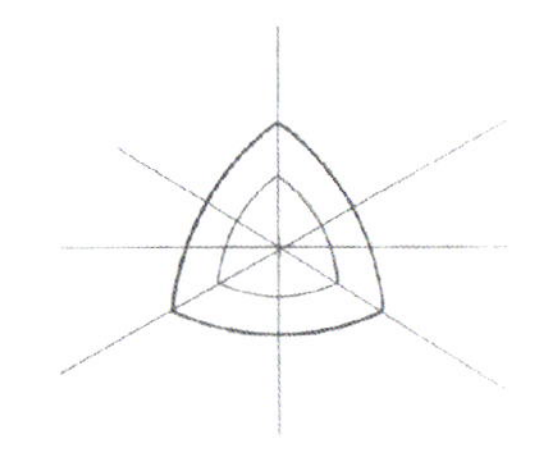

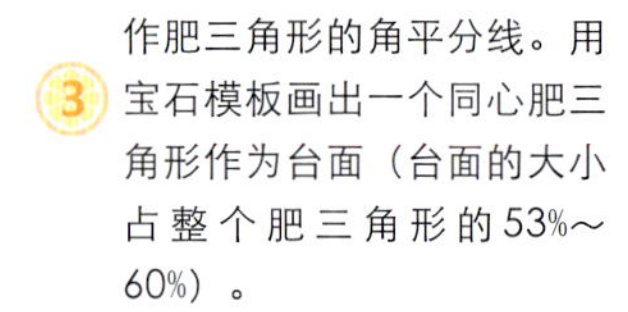

3 作肥三角形的角平分线。用宝石模板画出一个同心肥三角形作为台面（台面的大小占整个肥三角形的53%～60%）。

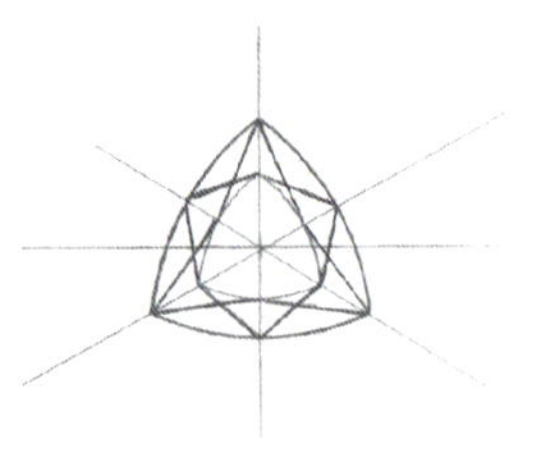

4 用直线连接外肥三角形与内肥三角形上的各点，画出冠部星刻面。

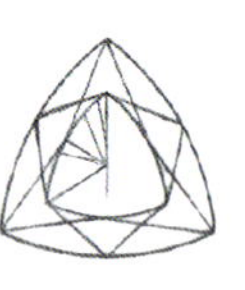

5 擦除辅助线，然后用直线画出亭部映射在台面上的刻面。

二、配钻画法

球面上圆形配钻画法

球面：直径11mm

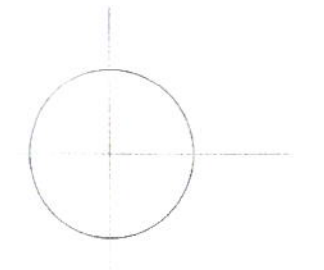

1 画垂直十字辅助线，然后画一个直径为11mm的圆。

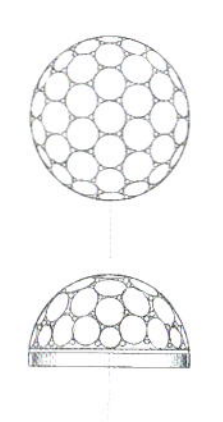

2 在圆的中央画7个直径为2mm的圆。

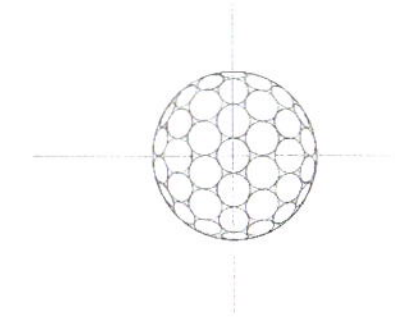

3 在7个圆的错位处，确定椭圆形的位置，并画出长轴小于2mm的椭圆形（注意：圆形球面上采用的是错位排石的方法）。

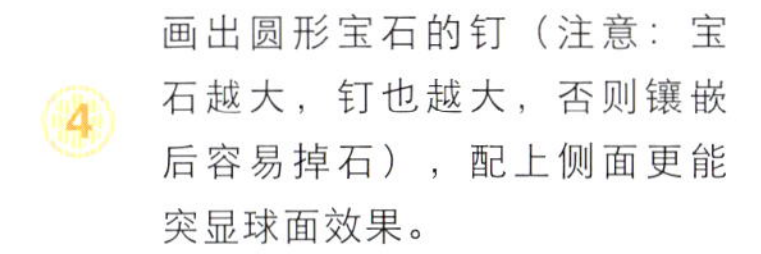

4 画出圆形宝石的钉（注意：宝石越大，钉也越大，否则镶嵌后容易掉石），配上侧面更能突显球面效果。

圆形配钻画法

圆形配钻：直径2.25mm

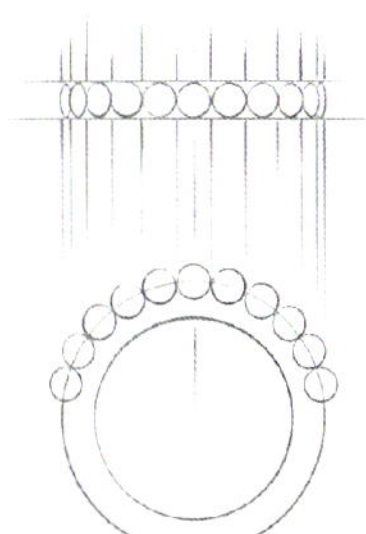

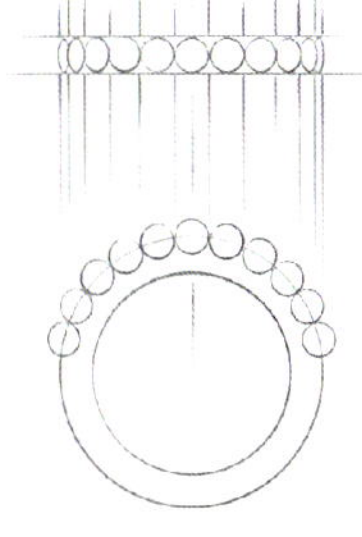

1 画出一条宽2.25mm的平行线。

2 在中心部位画出直径为2.25mm的圆，再画出长轴为2.25mm，短轴小于2.25mm的椭圆形。

3 逐渐画出长轴为2.25mm，短轴逐渐变小的椭圆形。

4 画出侧面即可理解为什么正面会逐渐变成椭圆形。

方形配钻画法

方形配钻：4mmx2mm

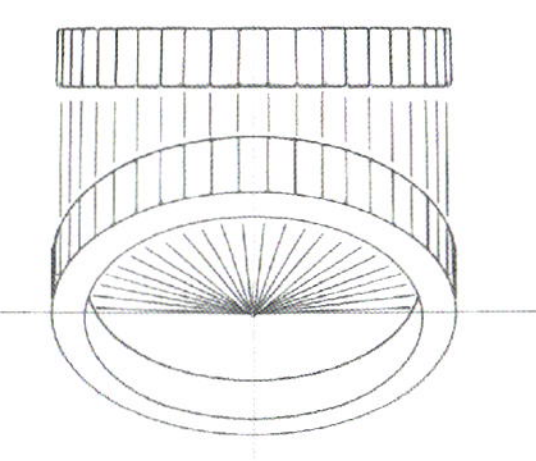

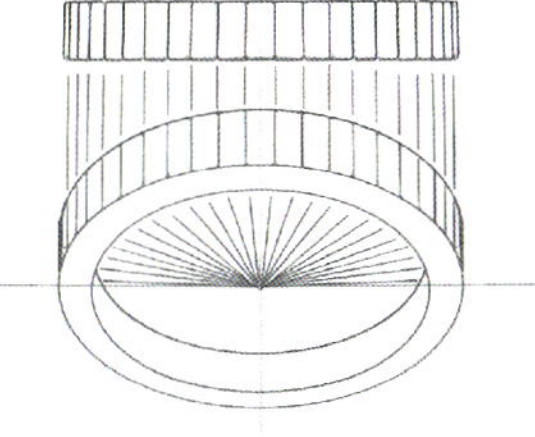

1 画出一条宽为4mm的平行线。

2 在中心位置画出长4mm、宽2mm的长方形。

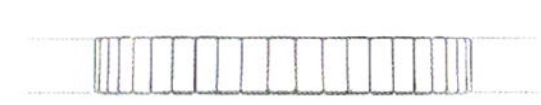

3 在两侧画出长4mm、宽逐渐小于2mm的长方形。

4 画辅助线，方便了解正面方形配钻为何会逐渐变窄，然后画出方形配钻映射到侧面的效果。

三、刻面宝石上色骤

上色后的宝石能很好地表达出宝石的材质和颜色，刻面宝石上色主要用彩铅和水粉颜料，上色时需注意画出宝石的通透感，使其生动吸引人。

彩色刻面宝石的绘画关键在于处理好色彩的明暗关系，一般宝石都具有透明感，因此上色时尤其忌讳灰暗。因此宝石的暗部可尽量使用一些同一色系的深色来绘画，这样色调的感觉会更加和谐，个别刻面的交界处使用白色亮点，会加强宝石的亮泽之感。（更多宝石上色画法可参考《橙子宝石宝典》一书）

刻面红宝石彩铅的上色方法表现

椭圆形：16mmx12mm

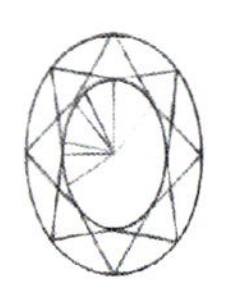

画出红宝石的刻面形状。

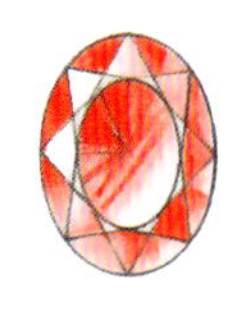

用红色（2#）涂画出红宝石的基本色调，并在红宝石的暗部叠加涂画。

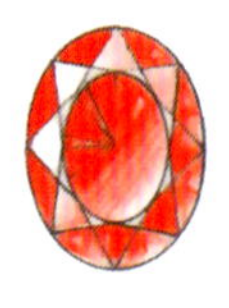

用洋红色（29#）加深红宝石的暗部。

用品红（20#）过渡红宝石的暗部和亮部。

⑤

用紫红（260#）加深红宝石的暗部，然后用高光笔在红宝石台面点出高光。

刻面蓝宝石彩铅的上色方法表现

梨形：16mmx11mm

①

画出蓝宝石的刻面形状。

②

用青蓝色（37#）先涂画出蓝宝石的基本色调，然后在蓝宝石的暗部叠加涂画。

③

用蓝色（3#）加深蓝宝石的暗部。

④

用青蓝色（37#）过渡蓝宝石的暗部和亮部。

⑤

用黑色（9#）加深蓝宝石的暗部，然后用高光笔在蓝宝石台面点出高光。

祖母绿彩铅的上色方法表现

祖母绿：16mmx12mm

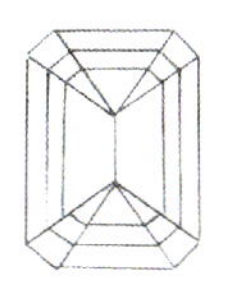

用宝石模板画出祖母绿的形状以及刻面。

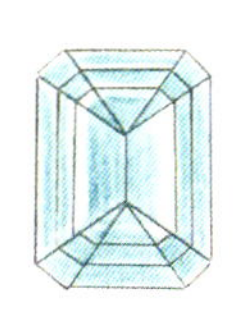

用松绿（35#）涂画出祖母绿的基本色调，注意高光和反光留白。

用海洋蓝（38#）加深祖母绿的暗部。

用浅绿色补色笔（51#）丰富祖母绿的颜色，使其颜色更浓郁。

用黑色（9#）加深祖母绿的暗部。

碧玺彩铅的上色方法表现

长祖母绿形：8mmx21mm

用直尺画出碧玺的形状以及刻面。

用砂黄（11#）涂画出碧玺的橙色部分，由浅到深向下涂画。

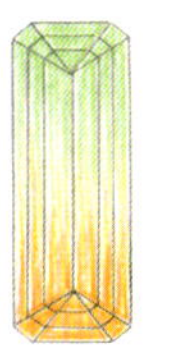

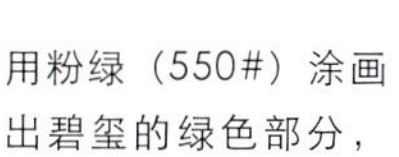

用粉绿（550#）涂画出碧玺的绿色部分，由深到浅向下涂画。

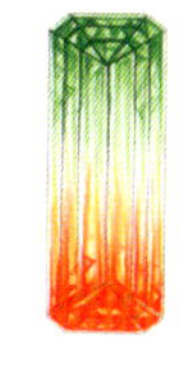

用橘色（4#）加深碧玺橙色部分的暗部，然后用青绿（52#）加深碧玺绿色部分的暗部。

用浅棕色（77#）加深碧玺的暗部。

四、素面宝石

素面宝石表面光滑，没有几何形状的切面，因此色彩与透明度是素面宝石表现的关键，色彩务必轻薄，不同材质的素面宝石其光泽也有差异。绘画时要注意观察。

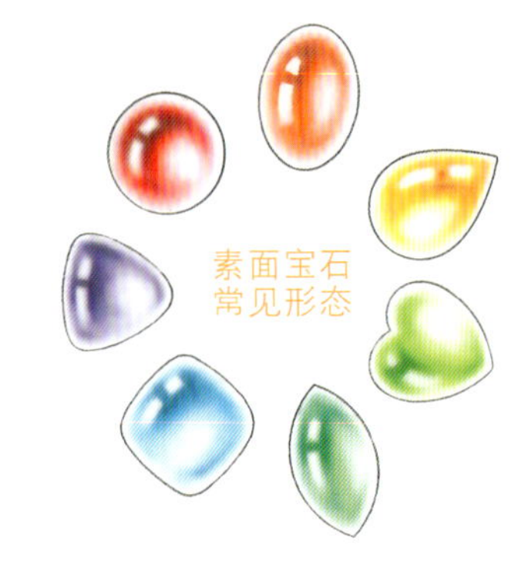

要想画出素面宝石晶莹剔透的感觉，需要了解素面宝石的光学原理。素面宝石有两大亮光点，即高光点和反光点。下面是透明型和不透明型素面宝石的光学图解。

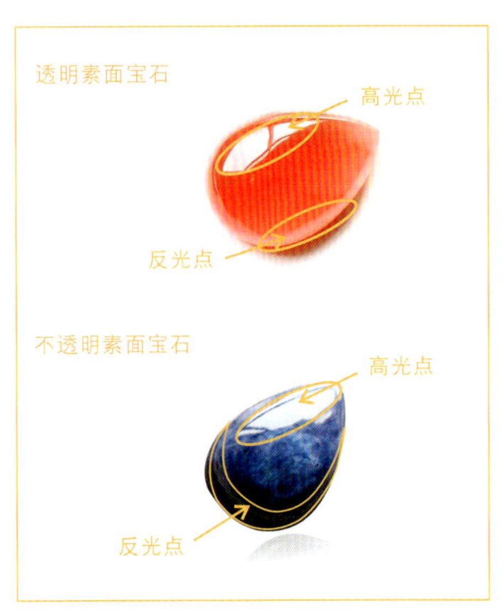

光线射入图解

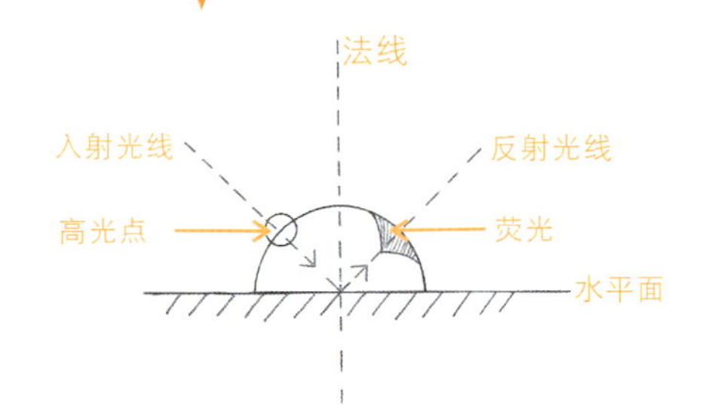

素面宝石光学图解

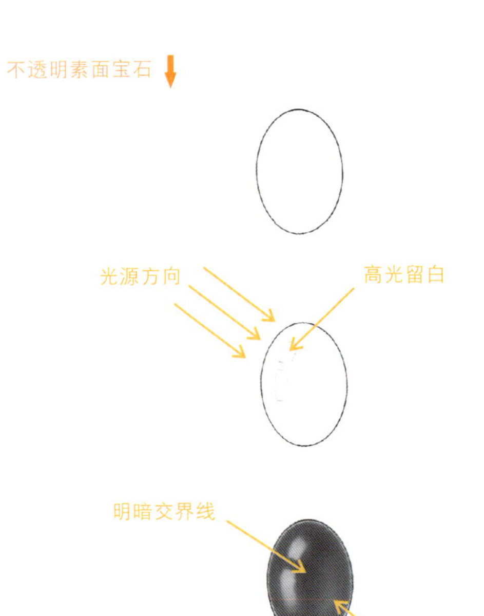

五、素面宝石上色骤

回顾之前透明素面宝石的光学分解步骤，对素面宝石上色。

椭圆形翡翠彩铅上色方法表现

1

用宝石模板画出翡翠的形状。

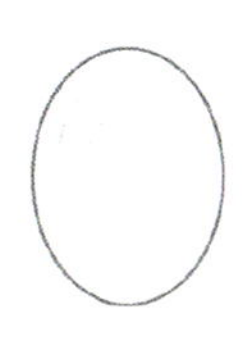

2

用铅笔画出翡翠的高光。

3

用柳绿（50#）涂画出翡翠的基本色调。

4

用正绿（5#）加深翡翠的颜色，翡翠的深色部分可叠加涂画几层。

5

用黑色（9#）加深翡翠的暗部。

椭圆形玉髓彩铅上色方法表现

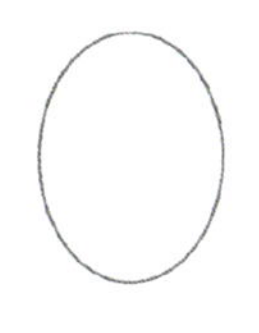

1

用宝石模板画出玉髓的形状。

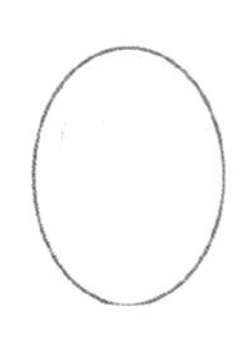

2

用铅笔画出玉髓的高光。

3

用粉绿（550#）涂画出玉髓的基本色调。

4

用海洋蓝（38#）加深玉髓的颜色，玉髓的深色部分可叠加涂画几层。

5

用黑色（9#）加深玉髓的暗部。

六、特殊光学效应宝石上色

星光红宝石彩铅上色方法表现

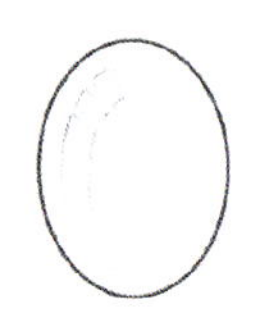

1

用宝石模板画出星光红宝石的形状，然后用铅笔画出它的高光。

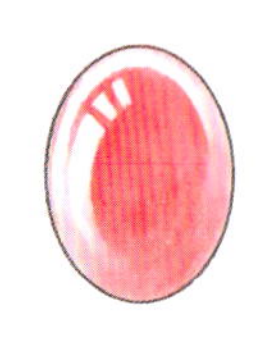

2

用品红（20#）涂画出星光红宝石的基本色调。

3

用红色（2#）加深星光红宝石的深色部分，同时可叠加涂画几层。

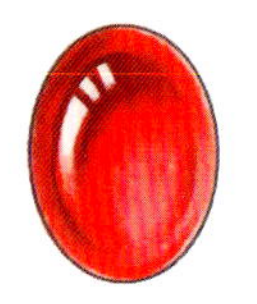

4

用紫红（206#）加深星光红宝石暗部。

5

用高光笔画出星光红宝石的星光，然后用紫红（206#）过渡星光，使星光过渡自然。

猫眼石彩铅上色方法表现

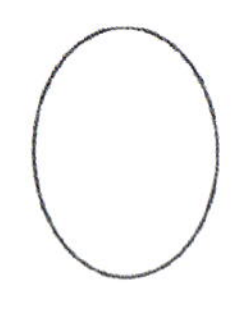

1

用宝石模板画出猫眼石的形状。

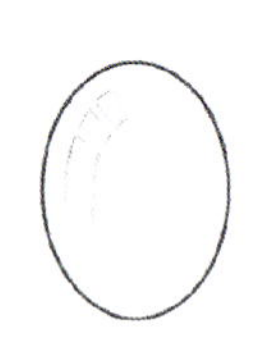

2

用铅笔画出猫眼石的高光。

3

用荧光黄（10#）涂画出猫眼石的基本色调，注意高光和猫眼留白。

4

用焦黄色（73#）加深猫眼石的深色部分，同时可叠加涂画几层。

5

用深土黄（19#）加深猫眼石的暗部，使其明暗对比更强烈。

七、珍珠上色

白色珍珠上色方法表现

①用圆形模板画出白色珍珠的形状。

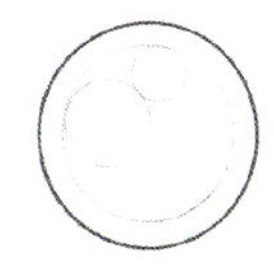
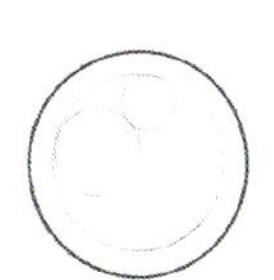

②用铅笔画出白色珍珠的高光。

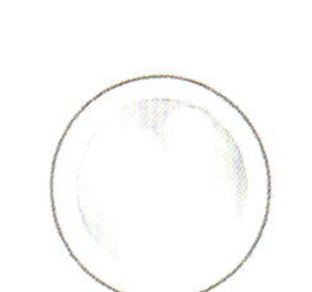

③用鸽灰（83#）涂画出白色珍珠的基本色调，并且在暗部叠加涂画几层。

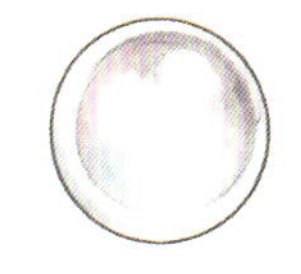

④用粉蓝（302#）和浅洋红（21#）涂画白色珍珠，高光和反光留白。

⑤用荧光黄（10#）丰富白色珍珠的色调。

金色珍珠上色方法表现

①用圆形模板画出金色珍珠的形状。

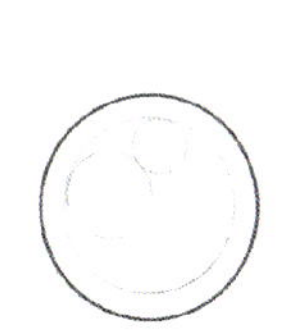

②用铅笔画出金色珍珠的高光。

③用黄色（1#）涂画出金色珍珠的基本色调，并且在暗部叠加涂画几层。

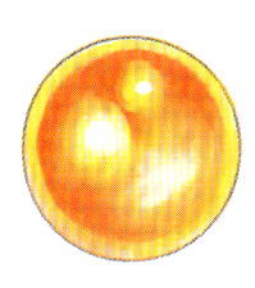
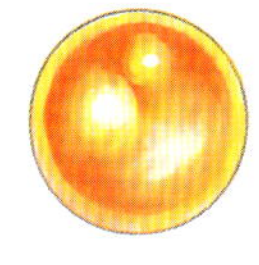

④用橘色（4#）涂画金色珍珠的暗部，高光和反光留白。

⑤用深土黄（19#）加强金色珍珠的暗部，然后用高光笔点出它的高光。

八、翡翠上色

平安扣彩铅上色方法表现

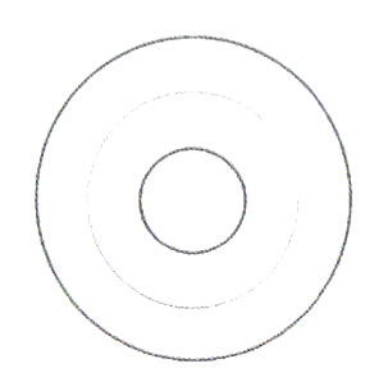

1 用圆形模板画出平安扣的形状以及明暗交界线。

2 用粉绿（550#）涂画出平安扣的基本色调。

3 用正绿（5#）涂画出平安扣的深色部分。

4 用浅绿色补色笔（51#）涂画平安扣，使其颜色更鲜艳，注意高光和反光留白。

5 用黑色（9#）加强平安扣的暗部，增强其立体感。

冰豆翡翠彩铅上色方法表现

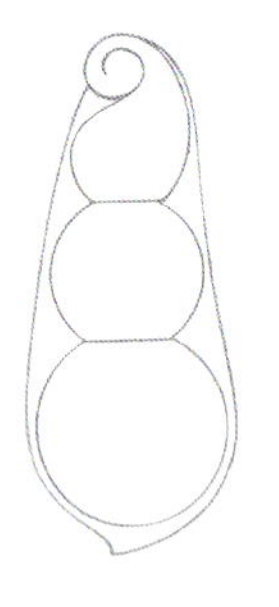

1 用铅笔画出冰豆翡翠的形状。

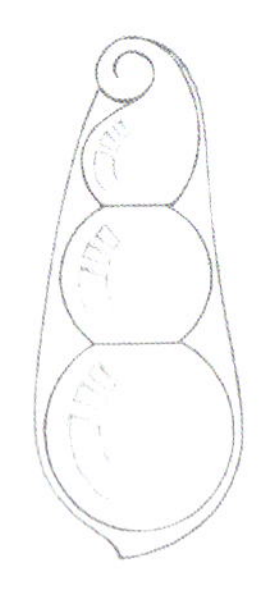

2 用铅笔画出冰豆翡翠的高光。

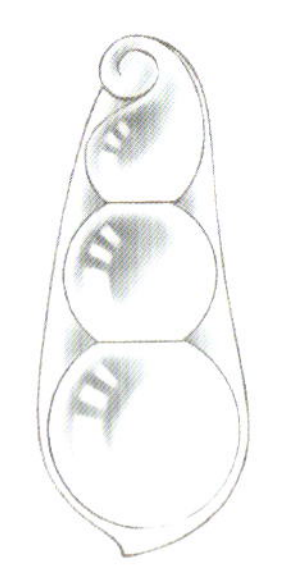

3 用鸽灰（83#）涂画出冰豆翡翠的基本色调，注意高光和反光留白。

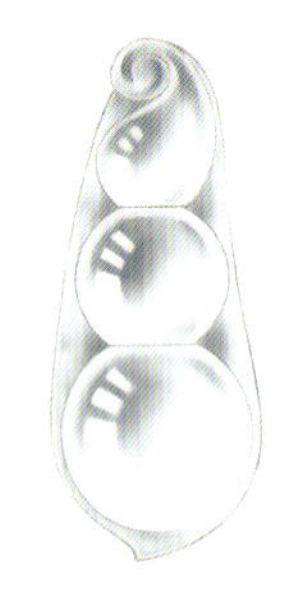

4 用鸽灰（83#）继续细化冰豆翡翠的整体轮廓，增强立体感。

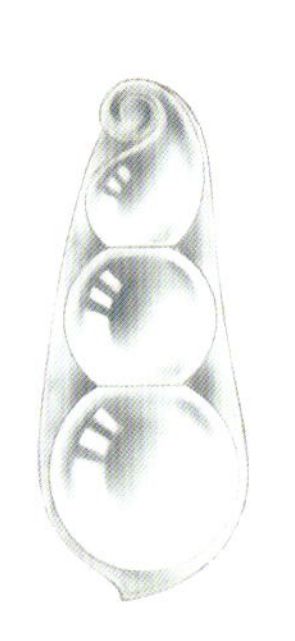

5 用粉绿（550#）涂画丰富冰豆翡翠的颜色。

九、其他宝石上色效果

在画欧泊、孔雀石、玛瑙、红纹石等这些带有花纹或者色彩变化的宝石时，要注意把握宝石光影的变化，不要只顾着画宝石的花纹或变化色彩，因为局部的花纹或色彩的变化会破坏宝石整体立体感的表现。

思考练习

其他常见刻面的宝石如何画？可尝试画一些其他常见类刻面宝石和上色。

第10章 金属的画法与上色

学习目标：通过本章的学习，读者可掌握到

1. 各类金属的画法
2. 一些常见金属及其肌理的上色

珠宝设计师要像坚硬而有韧性的黄金那样经得起千锤百炼的考验。——黄湘民

在第二章中讲到一些贵金属的基础知识，而常见的一些金属切面有平面、凸面和凹面。铂金和银具有白色金属的光泽，而K金则有白色、黄色和玫瑰色3种常见的色彩，各种金属材质的表现关键在于金属质感和色彩的运用。

一、平面金属的画法

1 确定金属的整个造型大小以及形状的变化。

2 画出金属的宽度，注意宽度大小的变化。

3 画出金属的弧度，平面金属的顶端是外突弧线。

4 画出金属的厚度，注意转折和重叠部位的线是重线。

5 画出金属的阴影，注意要画出金属的质感。

平面金属表现：

二、平面金属的上色表现

平面金属黄色K金的表现：

1 画出金属的形状，确定金属的切面。

2 用黄色（1#）给金属表面涂画一层底色，注意金属的高光以及反光部位留白。

3 用土黄（16#）画出金属的灰部，金属的明暗交界线用褐色，使金属的光泽更加强烈。

平面金属红色K金的表现：

1 画出金属的形状，确定金属的切面。

2 用粉陶（73#）给金属表面涂画一层底色，注意金属的高光以及反光部位留白。

3 用焦黄色（73#）从金属的明暗交界线过渡涂画，使金属的光泽更加强烈。

三、凹面金属的画法

① 画出金属的整个造型大小及形状变化。

② 画出金属的宽度和厚度。

③ 画出金属的弧度，凹面金属的顶端是内凹的弧线。

④ 画出金属的阴影变化，注意金属的阴影沿着金属的凹面涂画。

凹面金属表现：

四、凹面金属的上色表现

凹面金属黄色K金的表现：

1 画出金属的形状，确定金属的切面。

2 用黄色（1#）给金属表面涂画一层底色，注意金属的高光以及反光部位留白。注意凹面金属在暗部的表现。

3 用土黄（16#）画出金属的灰部，金属的明暗交界线用褐色，使金属的光泽感更加强烈。

凹面金属红色K金的表现：

1 画出金属的形状，确定金属的切面。

2 用粉陶（73#）给金属表面涂画一层底色，注意金属的高光以及反光部位留白。注意凹面金属在暗部的表现。

3 用焦黄色（73#）从金属的明暗交界线过渡涂画，使金属的光泽感更加强烈。

五、凸面金属的画法

1 画出金属的整个造型大小及形状变化。

2 画出金属的宽度和厚度。

3 画出金属的弧度，凸面金属的顶端是外突的弧线。

4 画出金属的阴影变化，注意金属阴影沿着金属的凸面画。

六、凸面金属的上色表现

凸面金属黄色K金的表现：

1 画出金属的形状，确定金属的切面。

2 用黄色（1#）给金属表面涂画一层底色，注意金属的高光以及反光部位留白，注意凸面金属在暗部的表现。

3 用土黄（16#）画出金属的灰部，金属的明暗交界线用褐色，使金属的光泽感更加强烈。

凸面金属红色K金的表现：

1 画出金属的形状，确定金属的切面。

2 用粉陶（73#）给金属表面涂画一层底色，注意金属的高光以及反光部位留白，注意凸面金属在暗部的表现。

3 用焦黄色（73#）从金属的明暗交界线过渡涂画，使金属的光泽感更加强烈。

七、金属的肌理表现

金属表面处理除了光滑的抛光面外，有时会做一些拉丝、喷砂、坑面等表面肌理效果。这些肌理效果的表现，不仅表达出金属的坚硬和冰冷，还可以表现出自然、温暖的感觉。一般在画肌理效果之前，通常是将物体的明暗关系先表现出来，然后在金属背光的部位加强金属肌理质感，特别是明暗部位肌理表现更明显，而亮部则适当减少肌理表现。

金属表面拉丝效果的表现：

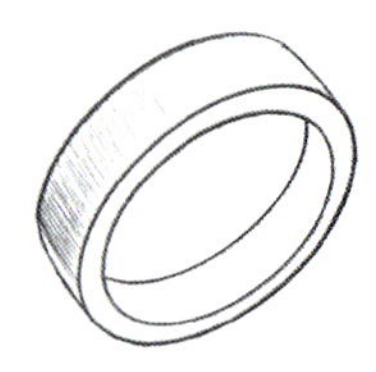

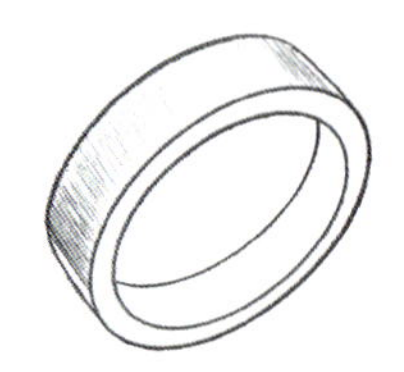

1 画出戒指的形态，然后用铅笔顺着同一方向画线。

2 继续在戒指的暗部画线，暗部可叠加画线，逐渐向亮部过渡。注意亮部的线稀疏，暗部的线密集。

3 调整戒指的明暗关系，暗部加重，使其明暗对比强烈，金属拉丝效果质感更强。

金属表面喷砂效果的表现：

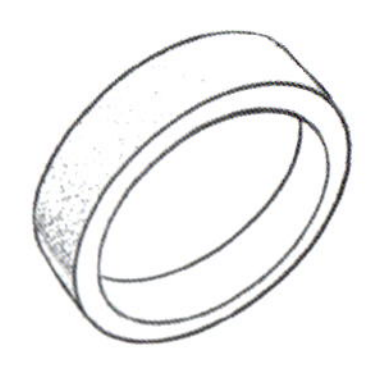

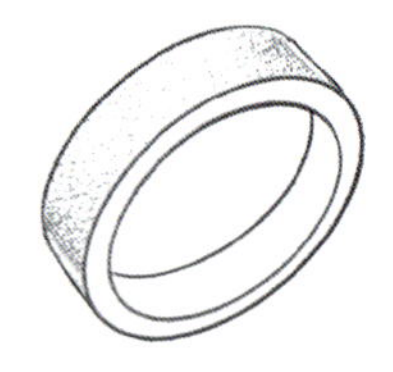

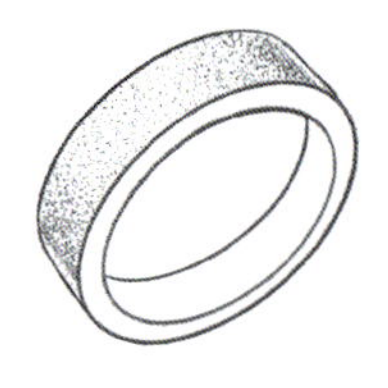

1 画出戒指的形态，然后用铅笔以点的方式点出金属表面喷砂的效果。

2 继续在戒指的暗部画点，逐渐向亮部过渡。注意亮部的点稀疏，暗部的点密集。

3 调整戒指的明暗关系，暗部的点加重，使其明暗对比强烈，金属喷砂效果质感更强。

金属表面坑面效果的表现：

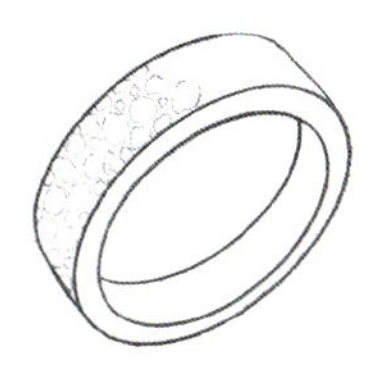

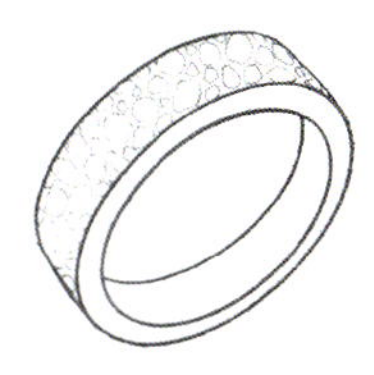

1 画出戒指的形态，然后用铅笔画出大小不一的面。

2 继续在戒指的表面画出大小不一的面。

3 表现出戒指的明暗关系，暗部的面加重，逐渐向亮部过渡，使其明暗对比强烈，金属坑面效果质感更强。

金属表面肌理效果欣赏：

拉丝效果

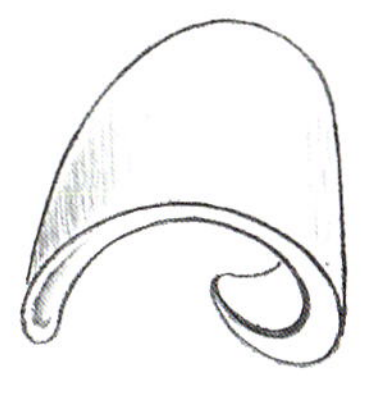

喷砂效果

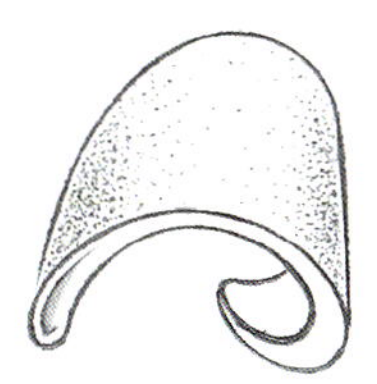

坑面效果

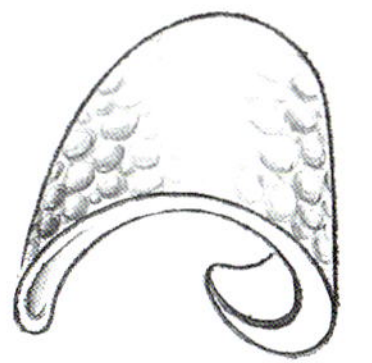

思考练习

尝试画一些其他造型金属的上色。

第11章 戒指的结构与画法

学习目的： 通过本章的学习，读者可掌握的知识有

1. 戒指的结构
2. 戒指三视图画法
3. 戒指的形态
4. 戒指立体透视画法

应该让珠宝因为有了设计师的存在而更加光芒四射。

——黄湘民

在珠宝设计的过程中，戒指设计的概率较高，因此在学习过程中要多花心思在戒指的练习上。而戒指设计的创意建立在对结构理解的基础上，因此在初学阶段，可多观察一些戒指的实物和图片，理解它们的结构。本章将探讨一些设计创作的思路，试着去理解在创作过程中所使用的一些方法，并运用这些技巧做一些设计。

一、戒指的结构

戒指主要由**戒面**、**戒臂**、**戒圈**、**指圈**四大部分组成。戒圈有**开口式**和**闭口式**两种类型。戒指结构如下图所示。

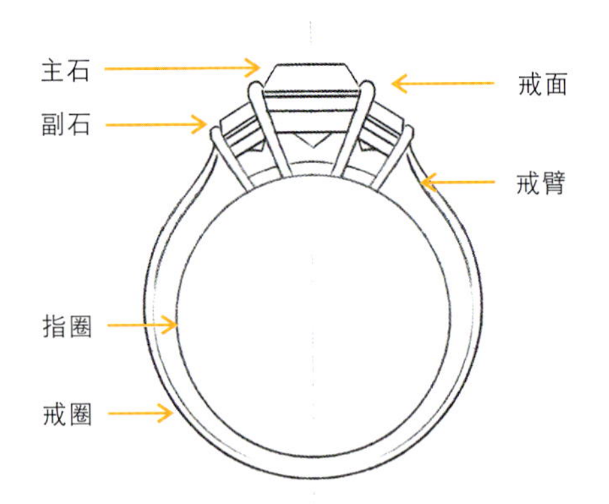

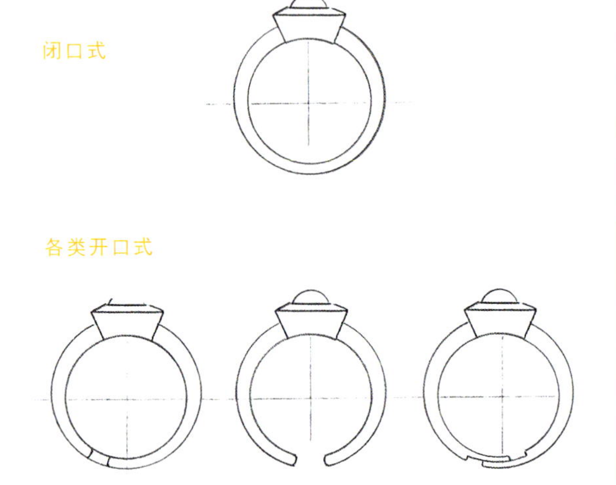

二、戒指三视图画法

视，即看的意思。将人的视线规定为平行投影线，正对着物体看过去，将所见物体的轮廓用正投影法绘制出的图形称为视图。

投影的规则是主俯长对正、主左高平齐、俯左宽相等，即主视图和俯视图的长要相等，主视图和左视图的高要相等，左视图和俯视图的宽要相等。在许多情况下，一个设计作品只用一个投影不加任何注解，是不能完整清晰地表达作品，必须画出另一个视角或者更多视角，才能清晰表达作品的结构。

三视图是从三个不同方向对同一个物体进行投射，能较完整的表达物体的结构。所谓三视图是观测者从上面、左面、正面三个不同角度观察同一个空间几何体而画出的图形。

一个物体有六个视图：从物体前面向后面投射所得的视图称主视图，能反映物体的前面形状；从物体上面向下面投射所得的视图称俯视图，能反映物体上面形状；从物体左面向右面投射所得的视图称左视图，能反映物体左面形状；还有其他三个视图不是很常用。三视图即主视图、俯视图、左（右）视图的总称。如下图所示。

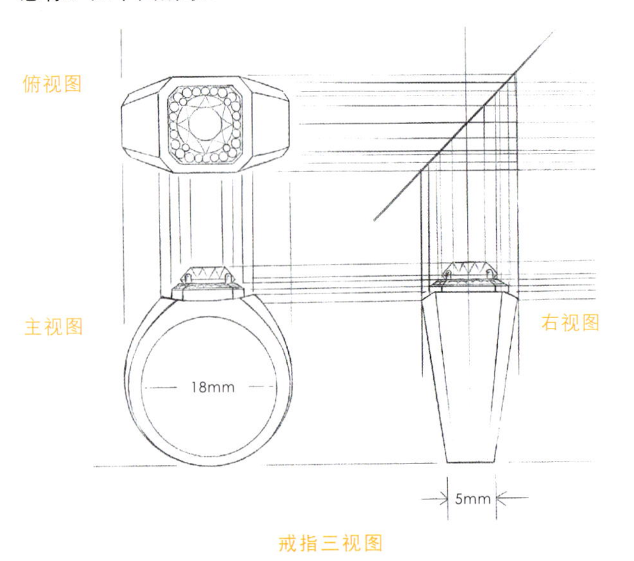

戒指三视图

戒指三视图绘画步骤(Ⅰ)

在戒指生产过程中，为了便于生产，避免发生分歧，一般都要求绘制三视图。当然如果俯视图和左（右）视图就能清晰表达出作品结构，则只需绘出主视图和左（右）视图。

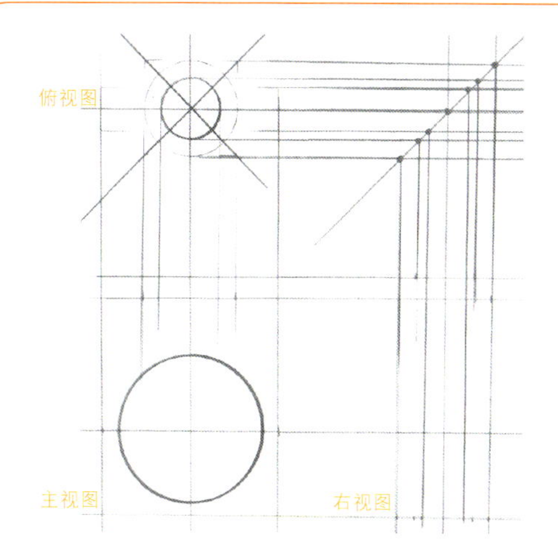

1 用直尺画出垂直辅助线，然后用圆形模板在俯视图中画出主石的大小以及戒指花头部分的大小，最后在主视图中用圆形模板画出戒圈的大小。

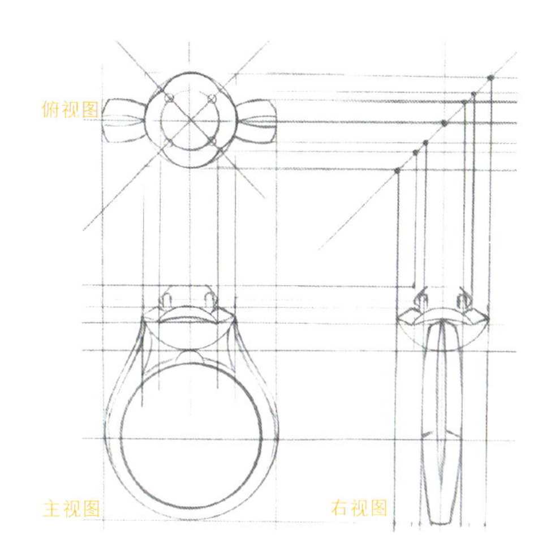

2 丰富细节。在俯视图中画出戒指的戒臂以及花头，然后根据戒指的俯视图画出戒指的主视图和右视图。

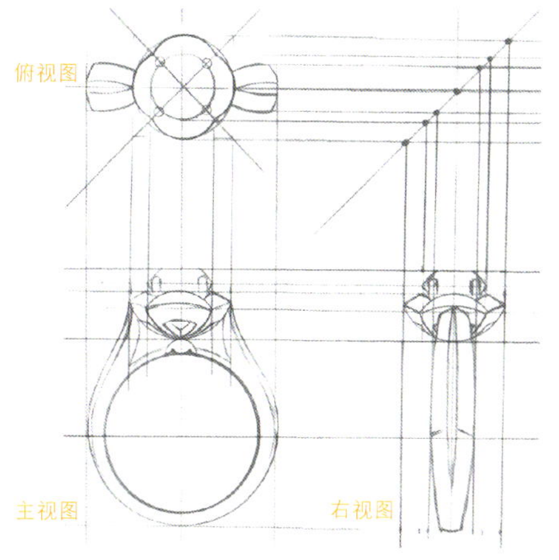

3 丰富戒指主视图的细节。

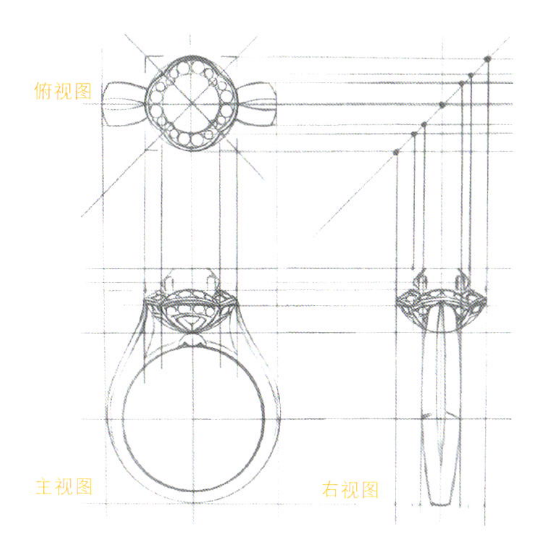

4 用圆形模板在戒指的俯视图中画出镶嵌的宝石，宝石主要采用的是有边钉镶的方式，因此要画出它镶嵌的边。根据戒指的俯视图画出戒指主视图以及右视图中镶嵌的宝石。

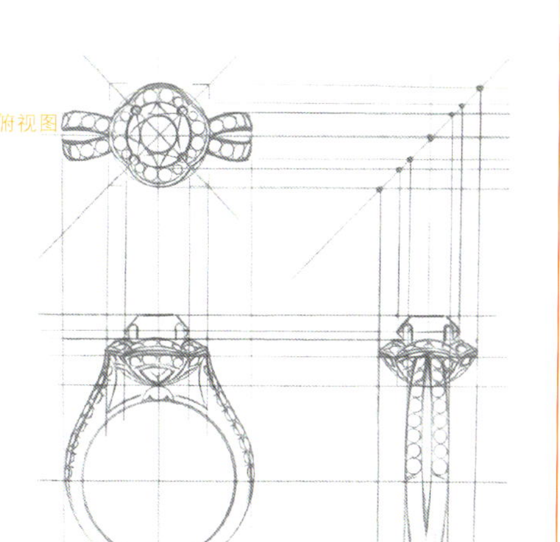

5 在戒指的俯视图中画出戒臂镶嵌的宝石，然后根据戒指的俯视图画出戒指主视图以及右视图镶嵌的宝石。

戒指三视图绘画步骤（Ⅱ）

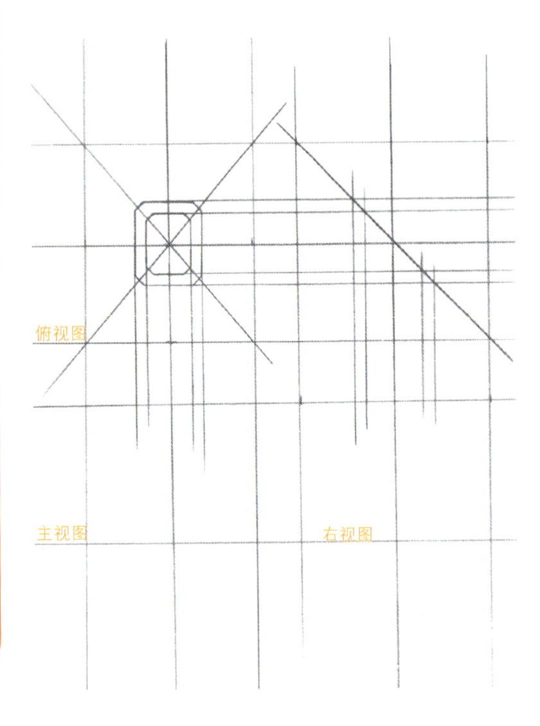

① 用直尺画出辅助线，然后在俯视图中用宝石模板画出祖母绿的形状。

② 根据戒指的俯视图画出主视图，主视图中的戒圈用圆形模板圈画，最后画出戒指的右视图。

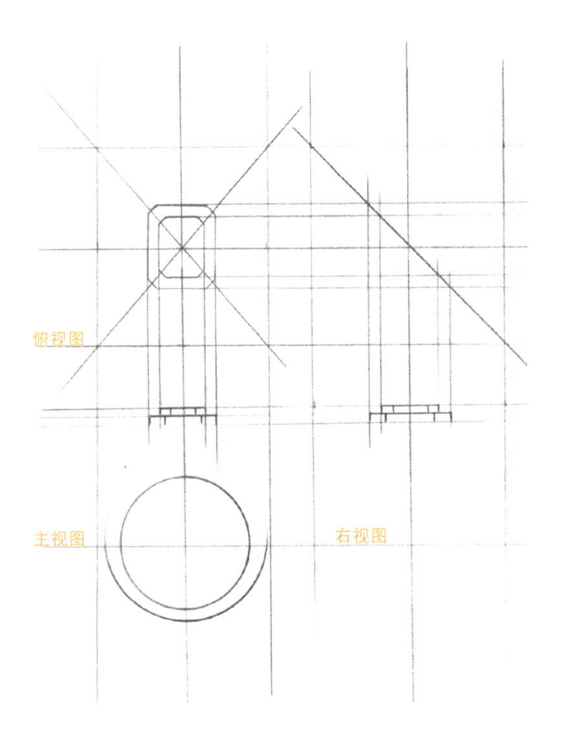

3 用宝石模板在俯视图中画出水滴形宝石和圆形宝石，然后在戒指的主视图和右视图上画出宝石并丰富细节。

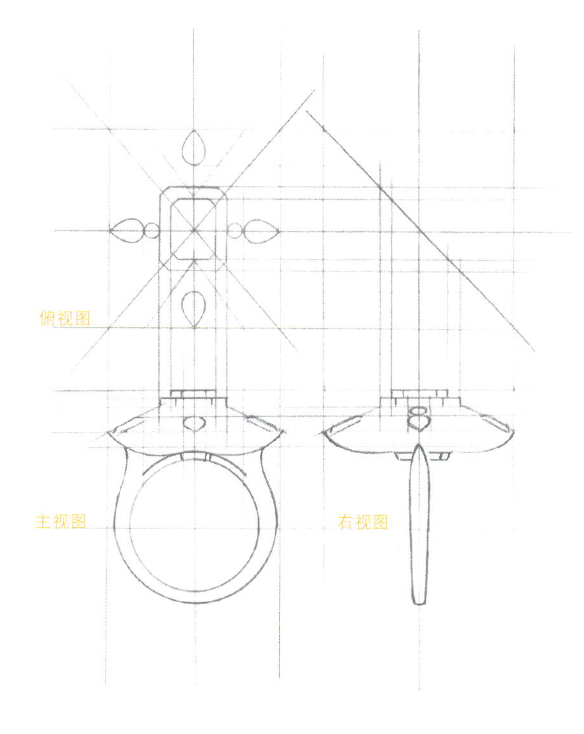

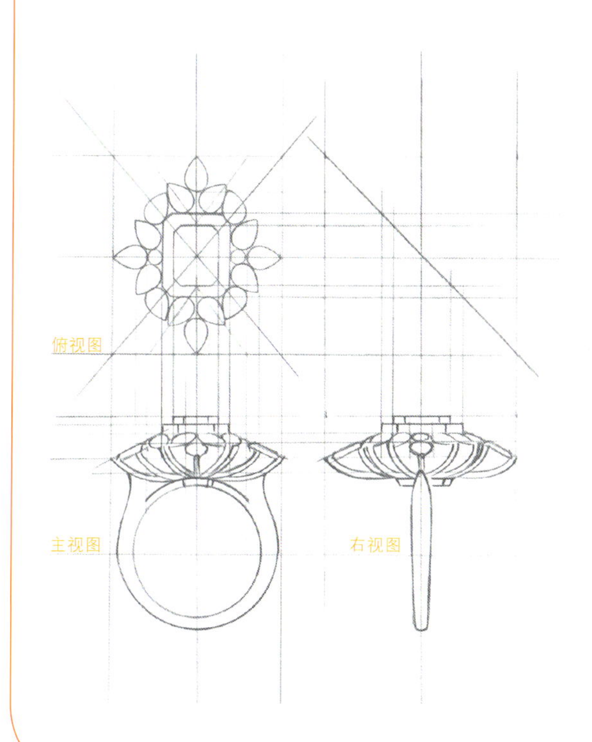

4 继续用宝石模板在戒指的俯视图中画出水滴形宝石，然后根据俯视图丰富主视图和右视图。

5 丰富戒指细节。在戒指俯视图中画出祖母绿的刻面，在主视图和右视图中丰富戒指的细节。

6 用圆形模板在戒指的俯视图中圈画出钻石。

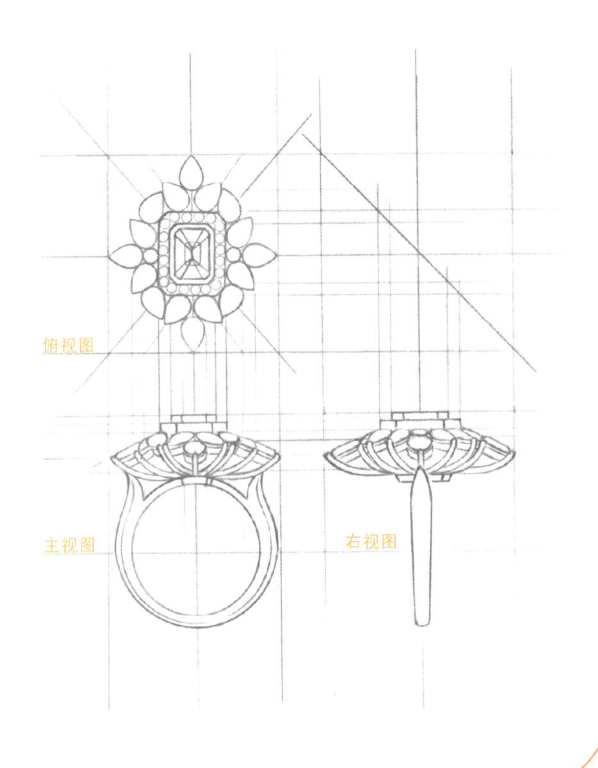

7 画出宝石的镶嵌方式。

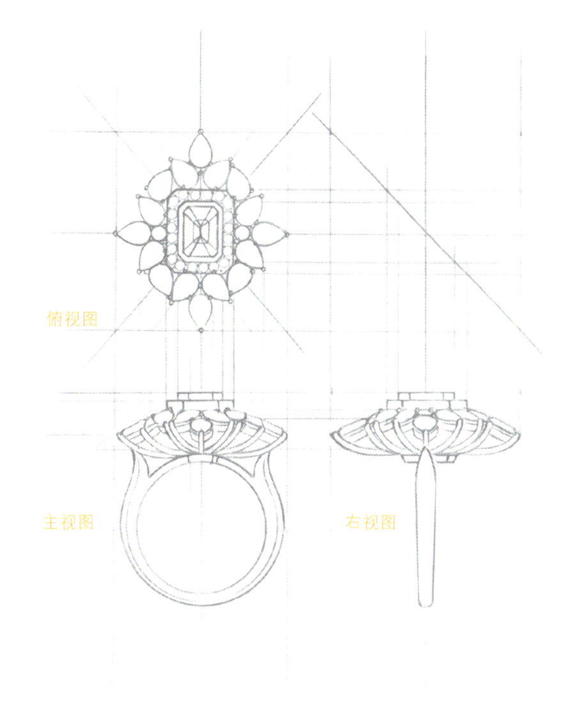

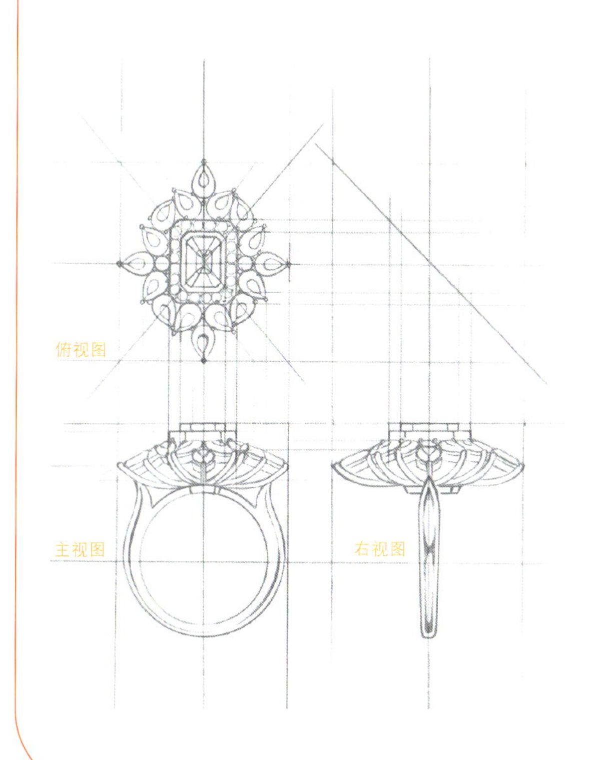

8 画出宝石的刻面并用铅笔轻轻表现出戒指的一些明暗关系，增强戒指的立体感。

戒指欣赏

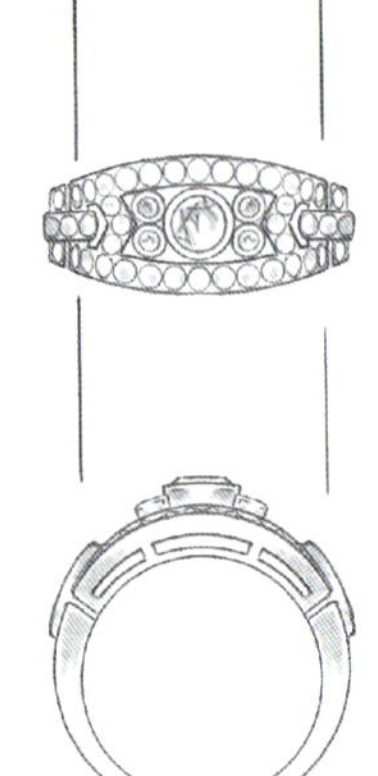

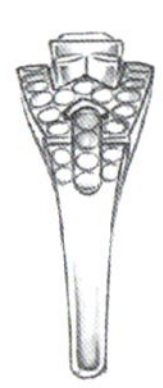

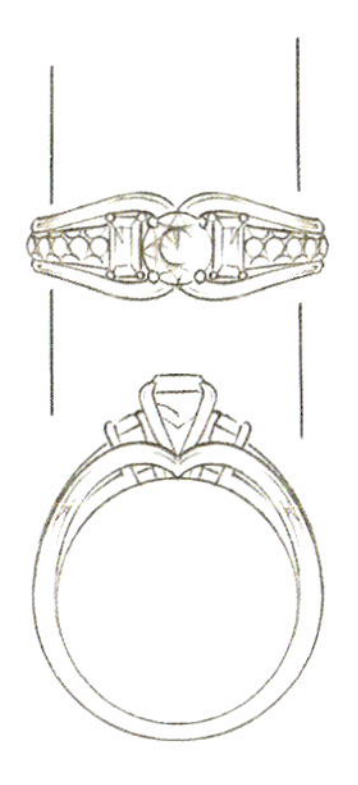

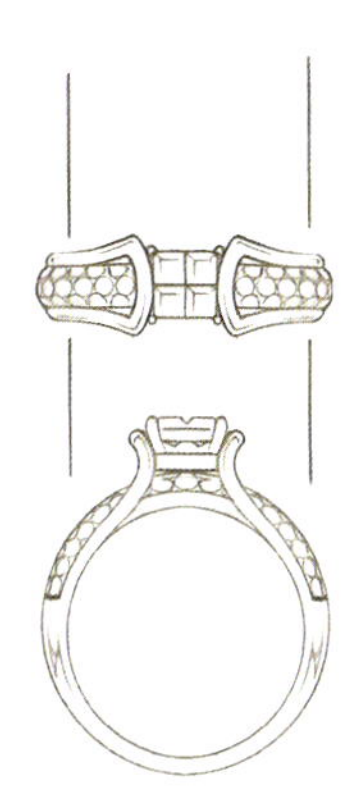

112

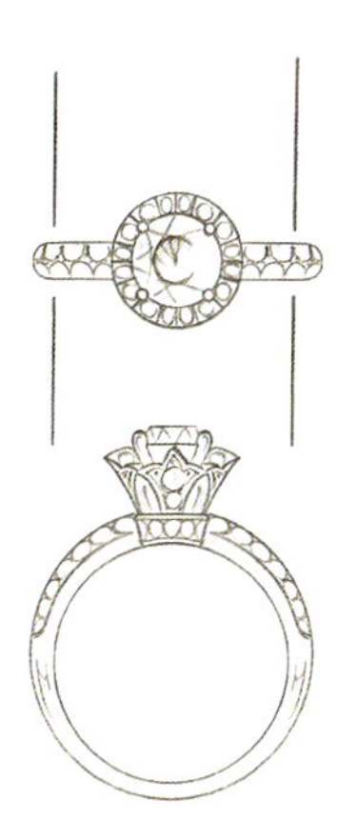

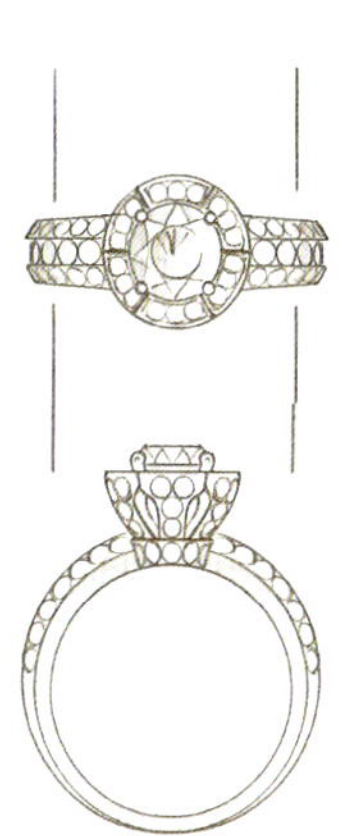

三、戒指的形态

戒指的一些常见形态

在学习的过程中，可经常从身边的人、事、物，联想出无穷的新概念。比如腊月的梅花，联想到坚强；夜空中皎洁的明月，不禁遐想到“海上生明月，天涯共此时”；池塘里亭亭而立的荷花，联想到谦谦君子，高贵的品格等。而在设计戒指或者戒指的系列产品时，同样可用联想的方法去塑造出更多有趣且富有含义的戒指形态。

古希腊伟大的哲学家柏拉图和亚里士多德就曾提出过采用联想方法的三大定律，即类似律、对比律和接近律。

类似律：由于事物在形貌和内涵上相似而形成的联想。例如：鸡蛋和鸭蛋。

对比律：由于事物性质或特点上相反而形成的联想。例如：白天与黑夜。

接近律：由于事物时间或空间特征上接近而形成的联想。例如：收音机和录音机。

戒指形态表现

难舍难分

众星捧月

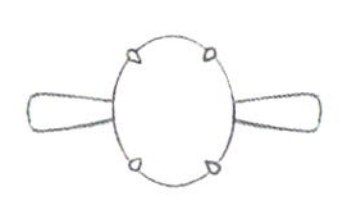

独一无二

拥抱型

分离型

皇冠型

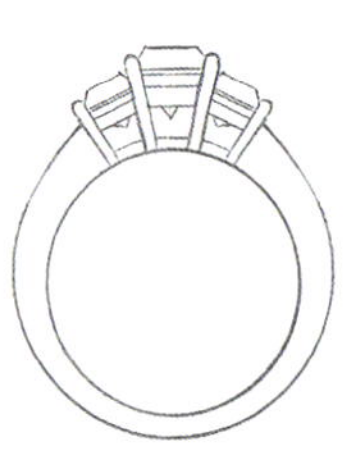

威武肩

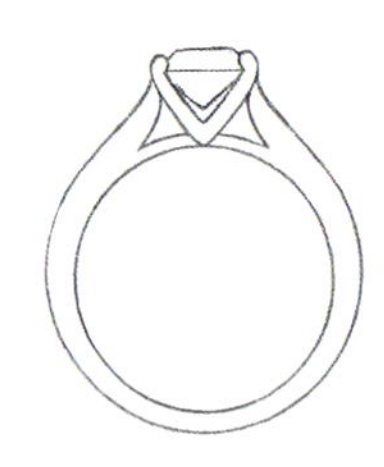

美人肩

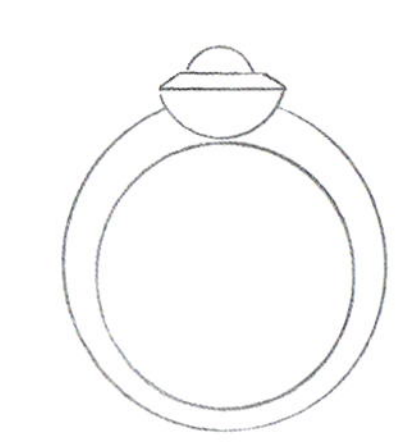

平顺肩

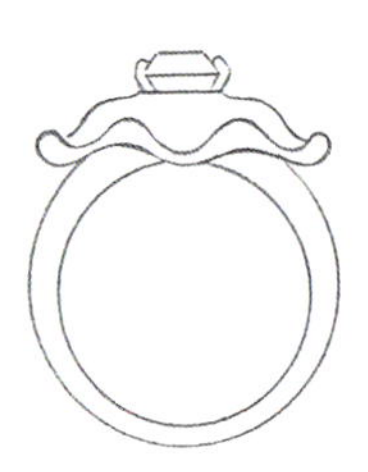

夸张肩

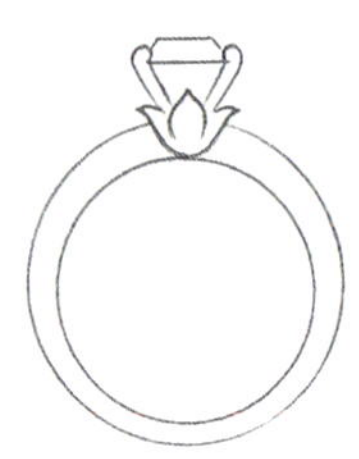

高腰肩

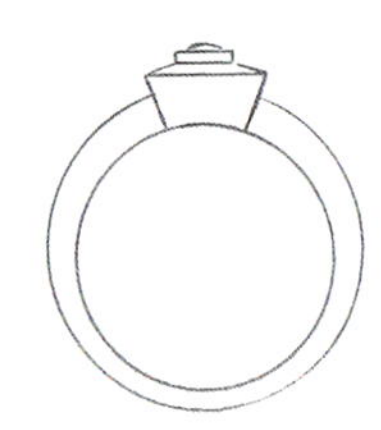

平腰肩

戒指形态演变模式

戒指的形体虽然不大，但是结构变化多样且丰富，在戒指的设计过程中，可寻求戒指结构上的一些变化，顺着一个思路，做出一点改变。在改变的基础上再进行创新、再创新。几番头脑风暴之后，出来的作品已焕然一新。

这里画出一些图例做演变，试着将大家的创作思路打开。

戒指进阶创作演变模式

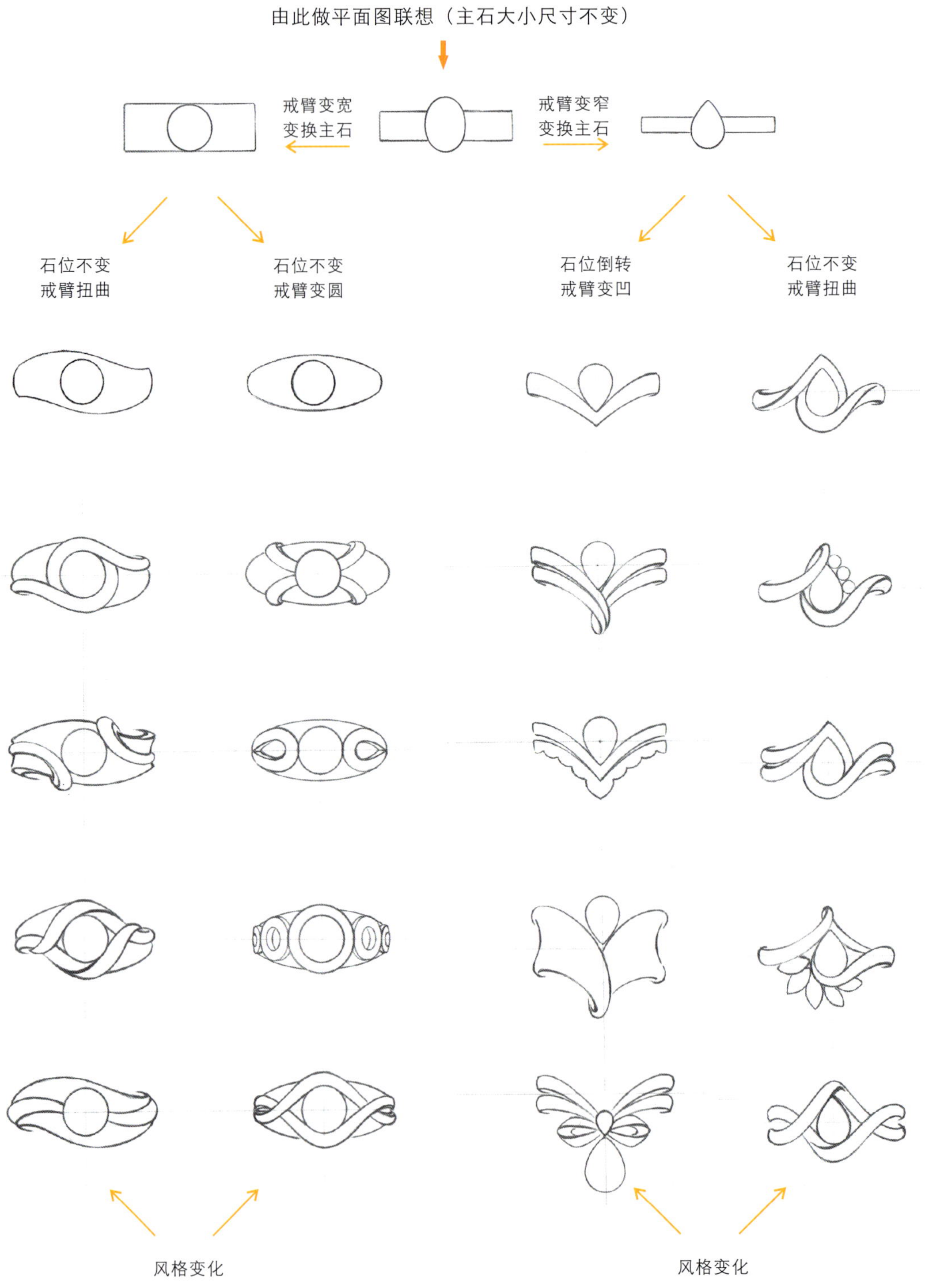

由此做平面图联想（主石大小尺寸不变）

戒臂变宽
变换主石

戒臂变窄
变换主石

石位不变
戒臂扭曲

石位不变
戒臂变圆

石位倒转
戒臂变凹

石位不变
戒臂扭曲

风格变化

风格变化

四、戒指立体透视画法

表达设计师意图最直接的方式就是绘制立体的效果图。然而在一个平面的纸上如何表现出三维的立体效果，这就必须借助于科学的透视原理。

在观察事物时，会发现由于距离远近的不同以及方位角度的不同，在视图上会出现不同效果，进而形成近大远小的透视现象。透视分一点透视（又称平行透视）、两点透视（又称成角透视）以及三点透视三类。而在珠宝设计过程中，最常用到的是一点透视和两点透视。一点透视只有一个消失点，当一个立方体放置于一个平面上时，正面的四条边分别与纸的四边平行，而与立方体的边垂直的线都消失成为一个点，即消失点。

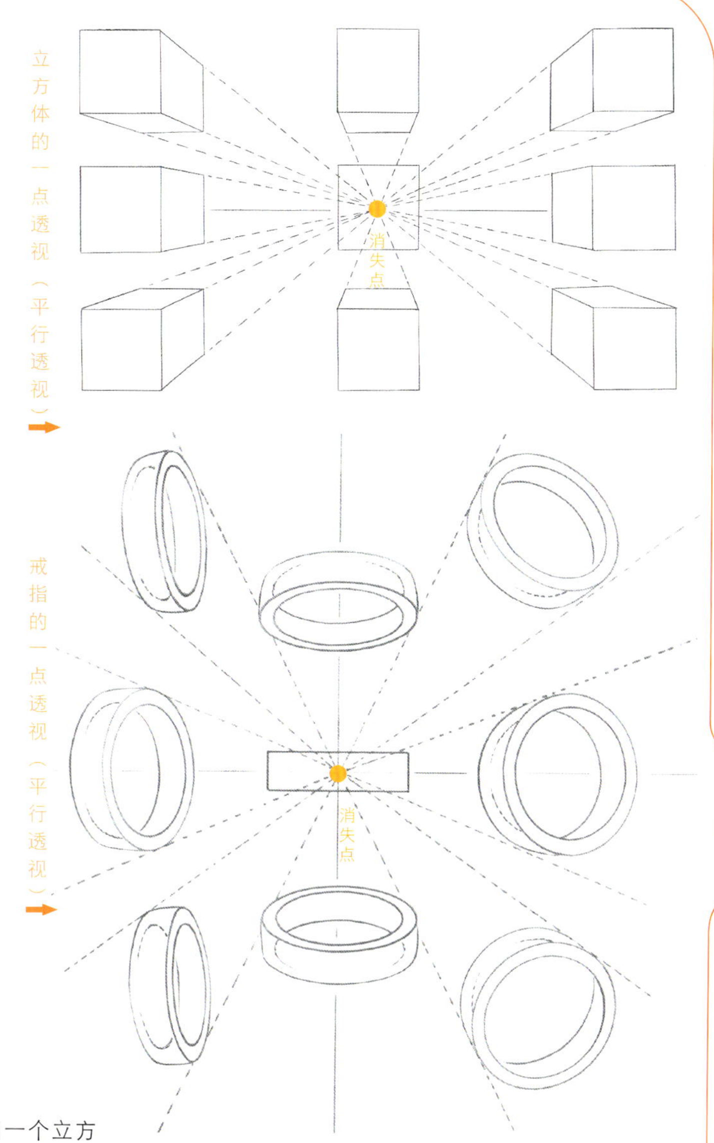

立方体的一点透视（平行透视）→

戒指的一点透视（平行透视）→

而两点透视有两个消失点，当一个立方体画在平面上时，立方体的四个面则相对于画面倾斜成一定的角度，往纵深平行的直线产生了两个消失点。在这种情况下，与上下两个水平面相垂直的平行线也产生了长度的缩小，但是不带有消失点。

立方体的两点透视（成角透视）↓

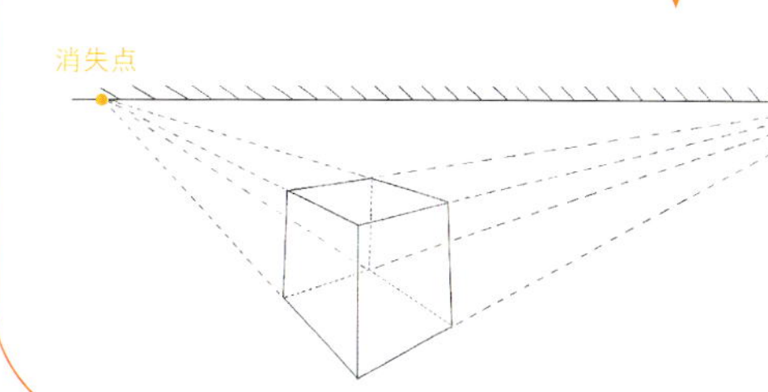

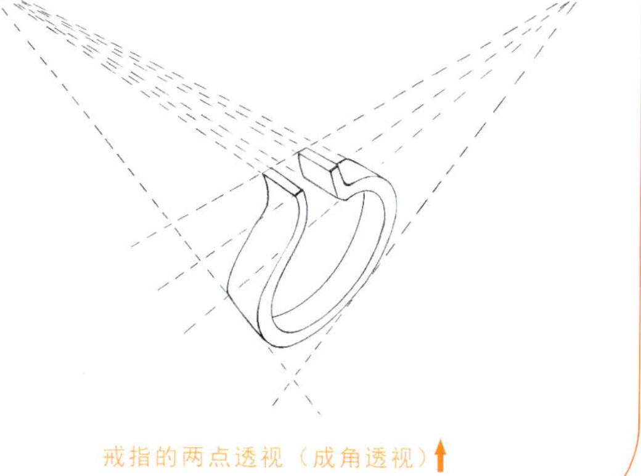

戒指的两点透视（成角透视）↑

以45° 角的方式画立体图

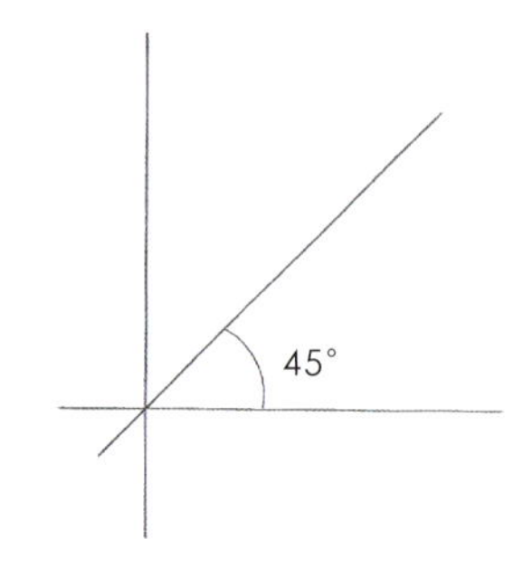

① 确定好透视的角度，画出45° 角辅助线。

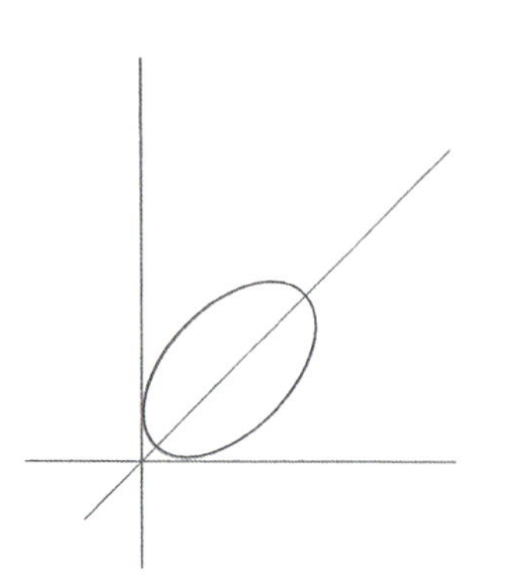

② 画出指圈透视角度的变化。

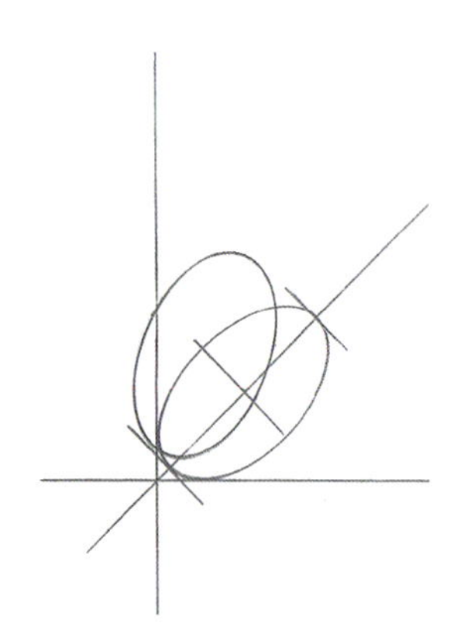

③ 确定好戒面的宽度，画出戒指的宽度变化。

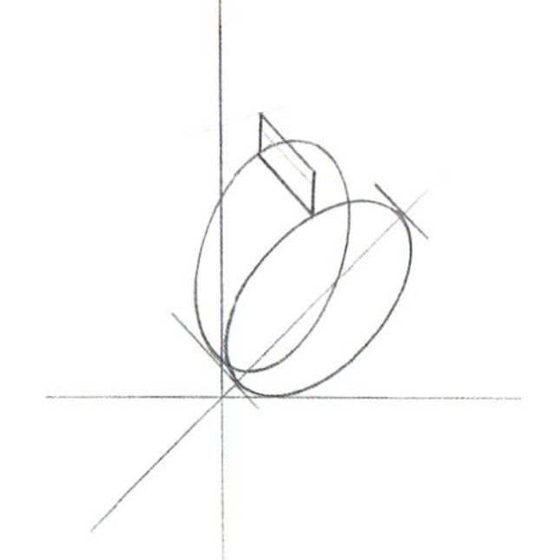

④ 确定戒面的高度。

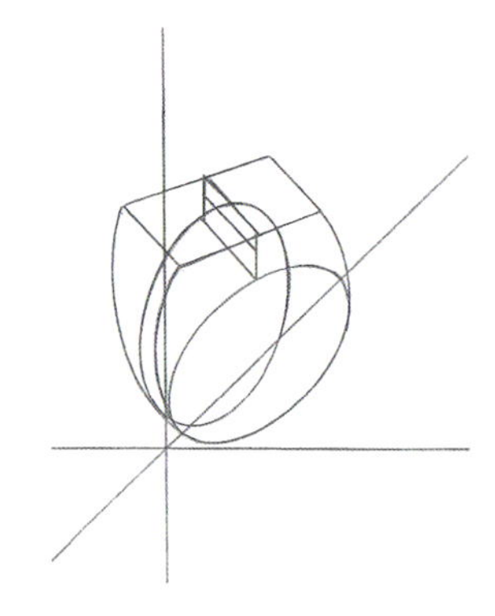

⑤ 画出戒面的形状大小以及变化。

⑥ 连接戒面与戒圈。

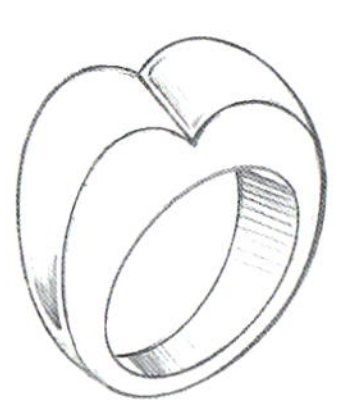

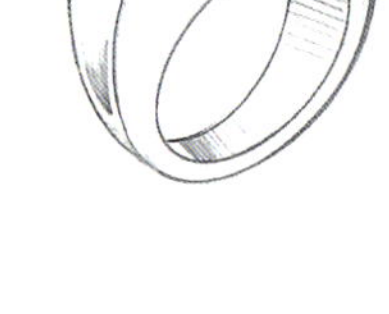

⑦ 擦除辅助线，画出戒指的阴影。

用几何切割的方式画立体图

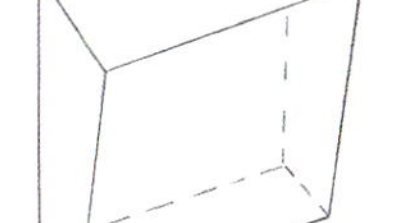

1 画出一个透视立方体。

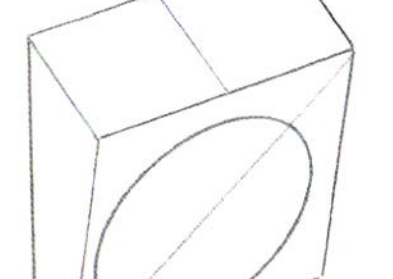

2 在立方体中画出指圈的变化。

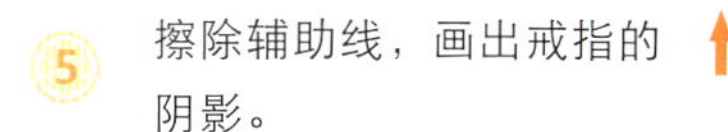

5 擦除辅助线，画出戒指的阴影。

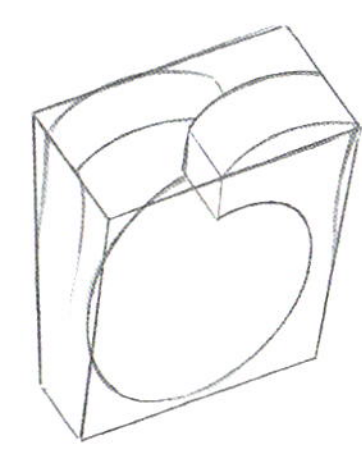

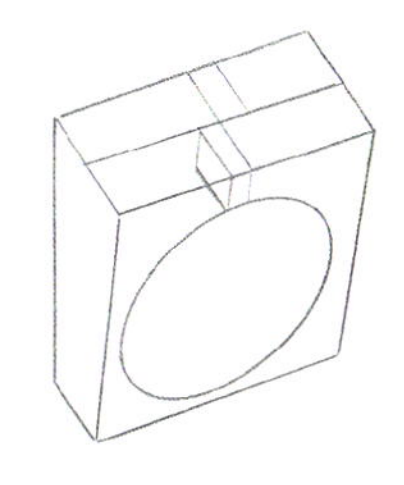

3 在立方体的顶面，画出戒面的变化。

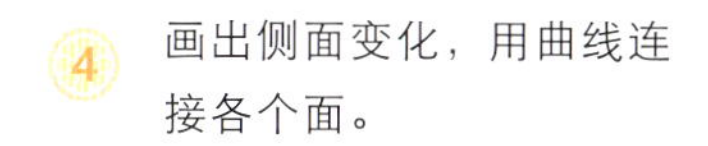

4 画出侧面变化，用曲线连接各个面。

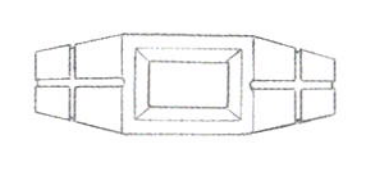

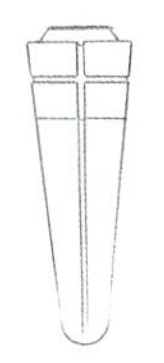

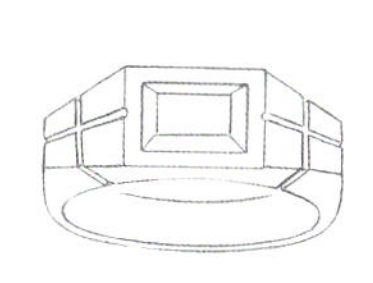

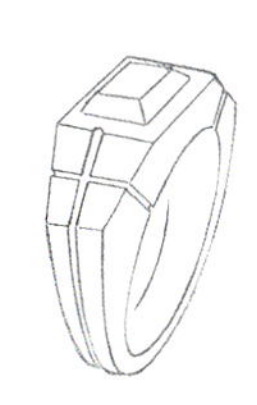

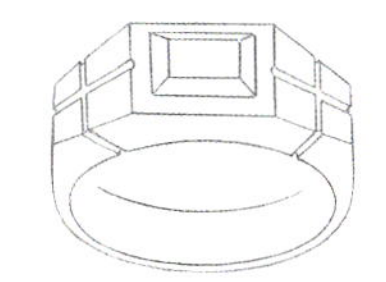

戒指立体图各个角度的变化

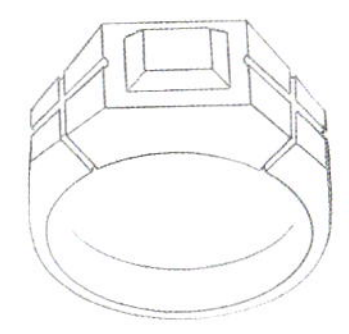

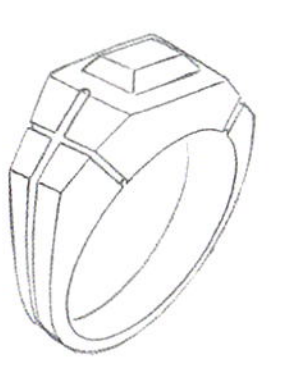

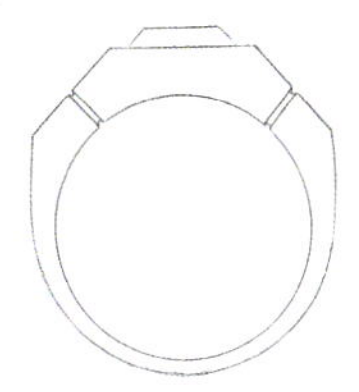

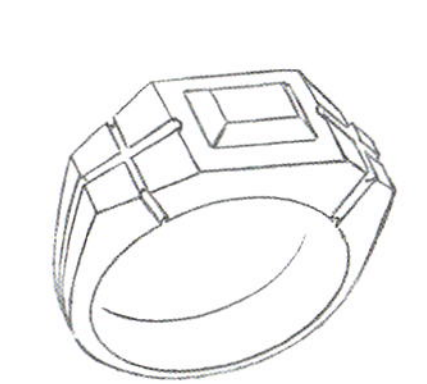

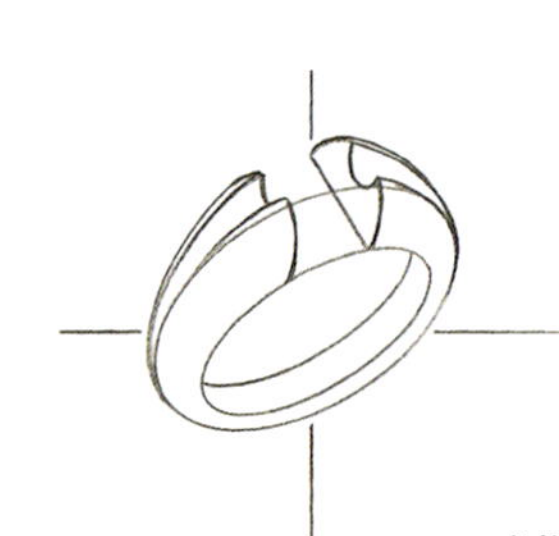
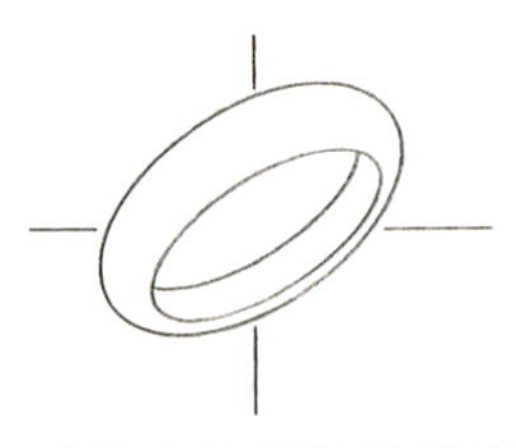
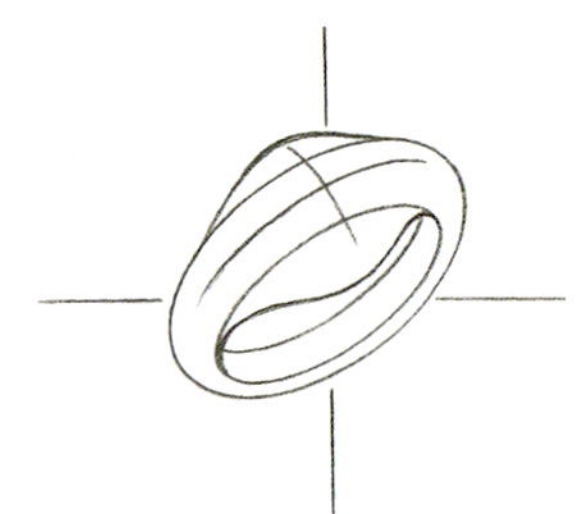

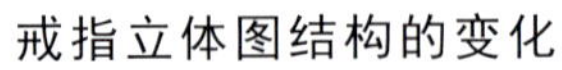

戒指立体图结构的变化

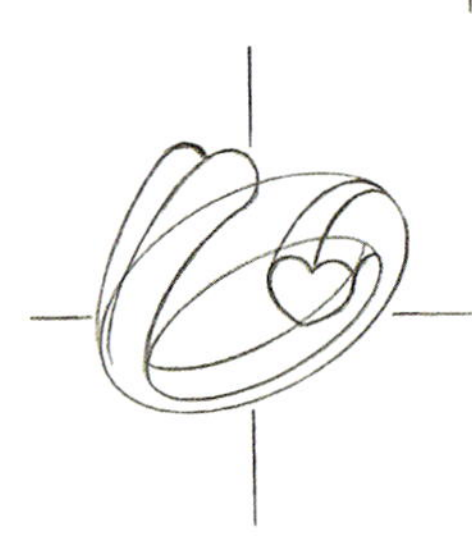

戒指形体虽然不大，但是其结构变化无穷，具体选择怎样的角度来画戒指透视图，是根据戒指的结构和表现的主题来定。通常戒指要表现的主题内容都在戒面上，而戒圈是整个戒指的主体。戒面附着在戒圈上，它的大小与造型变化都受到戒圈的限制，因此在画戒指之前先确定戒圈的大小，在画设计草图时先画出一些相同的戒圈，然后在戒面上进行变化，这样能快速画出多种不同造型的戒指。

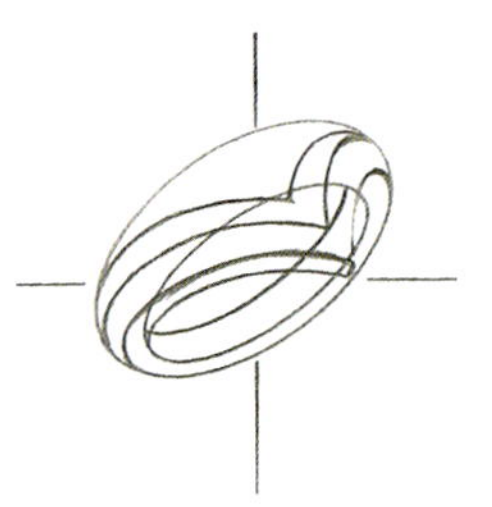

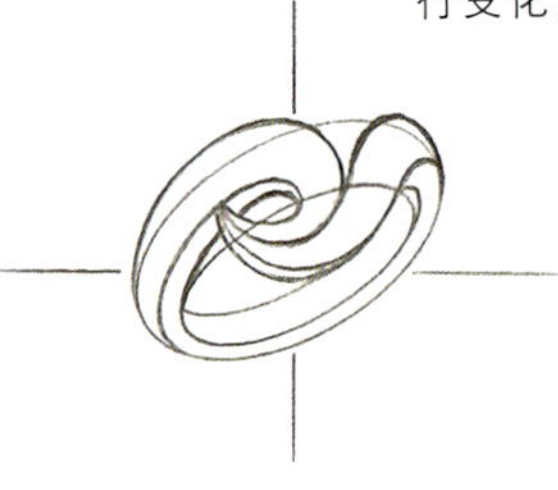
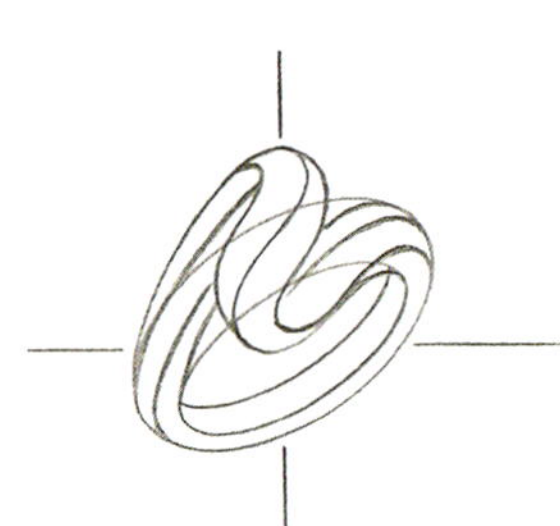
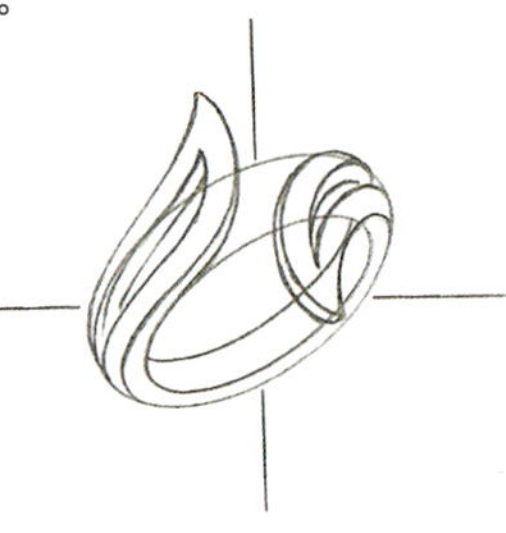

戒指立体图欣赏

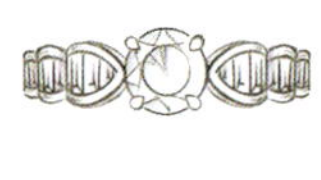

戒指手寸对照表

中国（港度）(#)	直径 (mm)	美度 (#)	直径 (mm)	日度 (#)	直径 (mm)	英度 (#)	直径 (mm)	欧度 (#)	直径 (mm)
1.0	12.4	0	11.5	1.0	13.0	A	12.2	41	13.0
2.0	12.8	0.5	12.0	2.0	13.4	B	12.6	42	13.4
3.0	13.1	1.0	12.5	3.0	13.6	C	13.0	43	13.7
4.0	13.5	1.5	13.0	4.0	14.0	D	13.4	44	14.0
5.0	13.9	2.0	13.3	5.0	14.3	E	13.8	45	14.3
6.0	14.2	2.5	13.7	6.0	14.7	F	14.2	46	14.7
7.0	14.6	3.0	14.1	7.0	15.0	G	14.6	47	15.0
8.0	14.9	3.5	14.6	8.0	15.3	H	14.9	48	15.3
9.0	15.2	4.0	15.0	9.0	15.6	I	15.3	49	15.6
10.0	15.6	4.5	15.4	10.0	16.0	J	15.7	50	15.9
11.0	16.0	5.0	15.8	11.0	16.3	K	16.1	51	16.2
12.0	16.3	5.5	16.2	12.0	16.6	L	16.5	52	16.6
13.0	16.7	6.0	16.6	13.0	17.0	M	16.9	53	16.9
14.0	17.0	6.5	17.0	14.0	17.3	N	17.3	54	17.2
15.0	17.4	7.0	17.4	15.0	17.6	O	17.7	55	17.5
16.0	17.7	7.5	17.8	16.0	18.0	P	18.1	56	17.8
17.0	18.1	8.0	18.2	17.0	18.3	Q	18.5	57	18.2
18.0	18.5	8.5	18.7	18.0	18.6	R	18.8	58	18.5
19.0	18.8	9.0	19.1	19.0	19.0	S	19.2	59	18.8
20.0	19.1	9.5	19.5	20.0	19.3	T	19.6	60	19.1
21.0	19.5	10.0	19.9	21.0	19.7	U	20.0	61	19.5
22.0	19.8	10.5	20.3	22.0	20.0	V	20.4	62	19.8
23.0	20.2	11.0	20.7	23.0	20.3	W	20.8	63	20.0
24.0	20.5	11.5	21.1	24.0	20.7	X	21.2	64	20.4
25.0	20.9	12.0	21.5	25.0	21.0	Y	21.6	65	20.7
26.0	21.2	12.5	21.9	26.0	21.4	Z	21.9	66	21.0
27.0	21.6	13.0	22.3	27.0	21.7	1	22.4	67	21.4
28.0	22.0			28.0	22.0	2	22.8	68	21.7
29.0	22.3			29.0	22.4	3	23.2	69	22.0
30.0	22.6			30.0	22.7	4	23.5	70	22.3
31.0	23.0					5	23.9	71	22.6
32.0	23.3					6	24.3	72	23.0
33.0	23.7							73	23.3

思考练习

找一些戒指尝试画出它的三视图和立体图。

第12章 吊坠的结构与画法

学习目标： 通过本章的学习，读者可以学习掌握到

1. 吊坠的结构和种类
2. 吊坠正视图、侧视图的画法
3. 吊坠结构演变方法

珠宝设计师是做设计给人用，不是做给自己看，不是让朋友点赞。——黄湘民

吊坠是佩戴在脖子上的珠宝首饰，它需配上链条才能佩戴，与项链和链牌的形式不同，它可拆分佩戴。因为其佩戴的位置非常显眼，所以能非常明显地展示设计的内容，表现佩戴者的情感和品味。

一、吊坠的结构

吊坠的结构主要由主饰面和连接链条的“扣”组成，种类繁多。一般可分为三大类：素金吊坠、镶石吊坠、多功能吊坠。

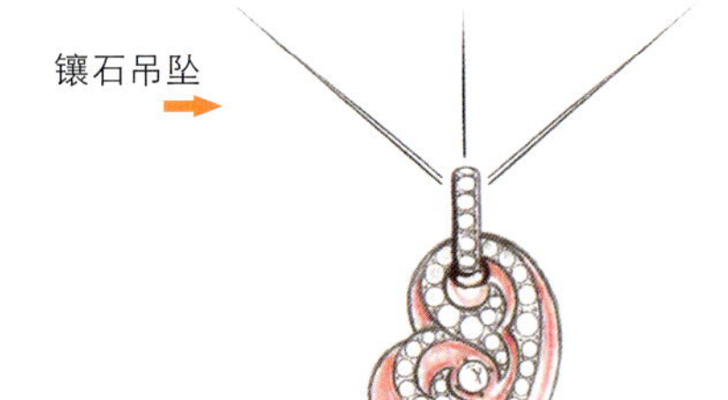

吊坠扣种类的认识

吊坠的扣一般有两种，一种是“明扣”，即与主件的花形形成一体，如瓜子扣；另一种是“暗扣”，即在主饰面背部或借用镶嵌的底座结构形成穿链孔。

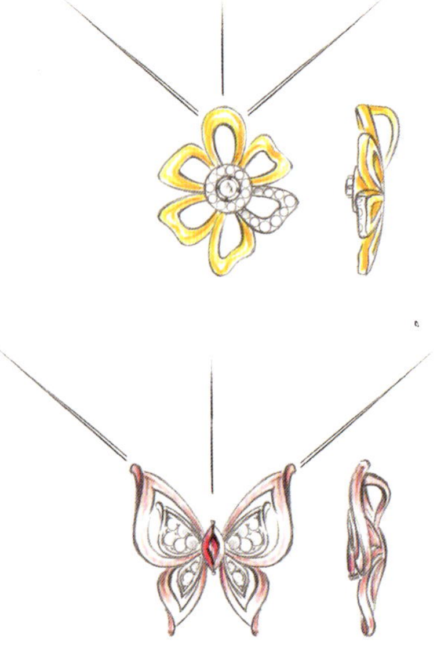

二、链条的种类

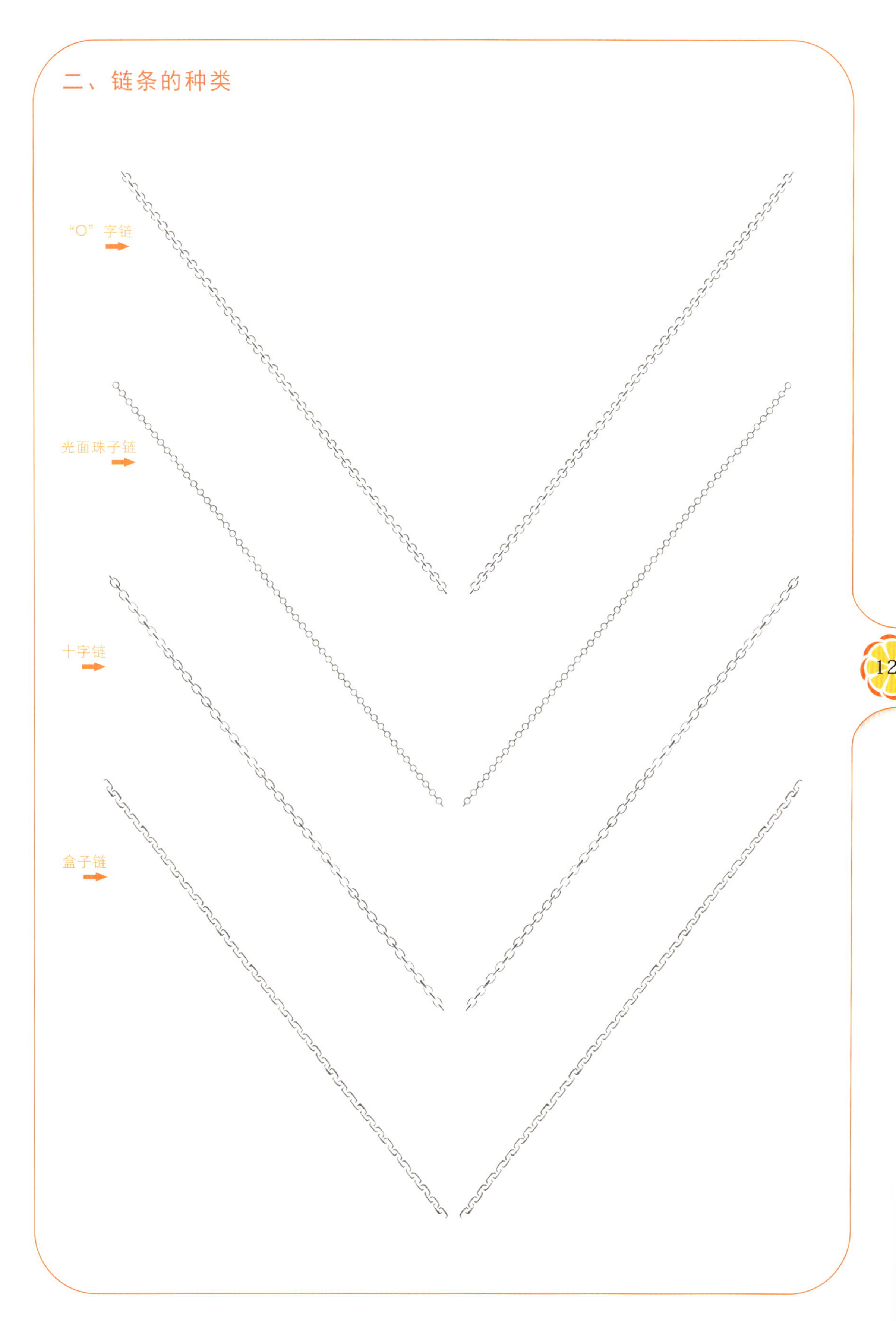

三、吊坠正视图、侧视图的画法

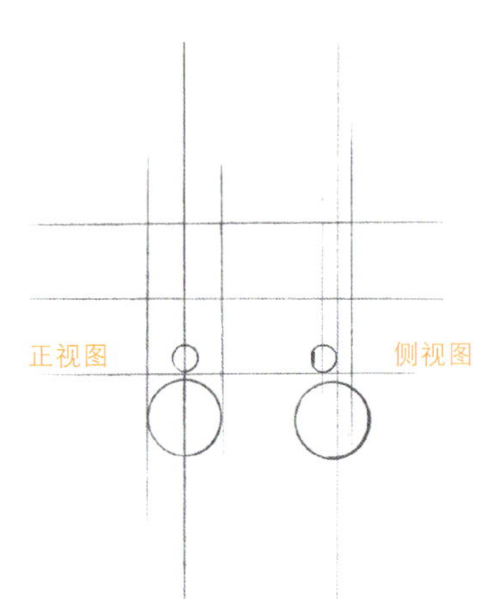

1 用直尺画出辅助线，然后用圆形模板画出珍珠和宝石的形状。

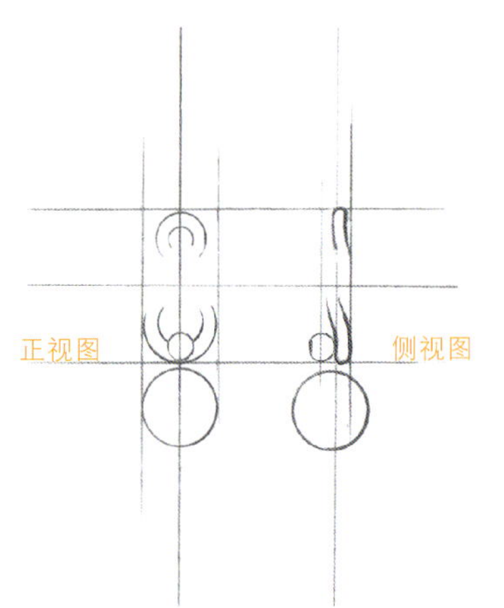

2 借助圆形模板画出金属。

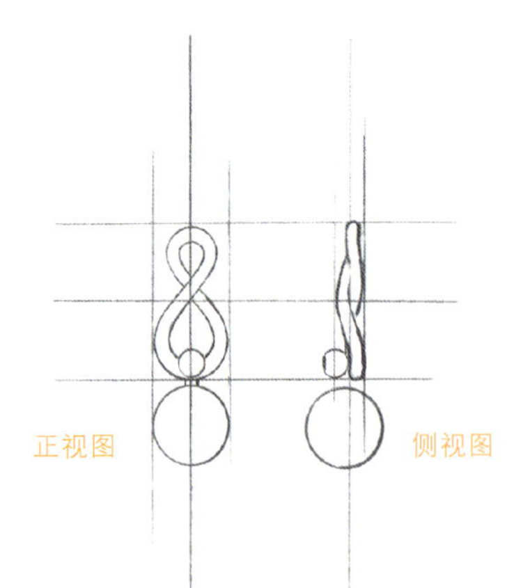

3 连接金属，线条要顺畅均匀。注意侧面图金属的层次感。

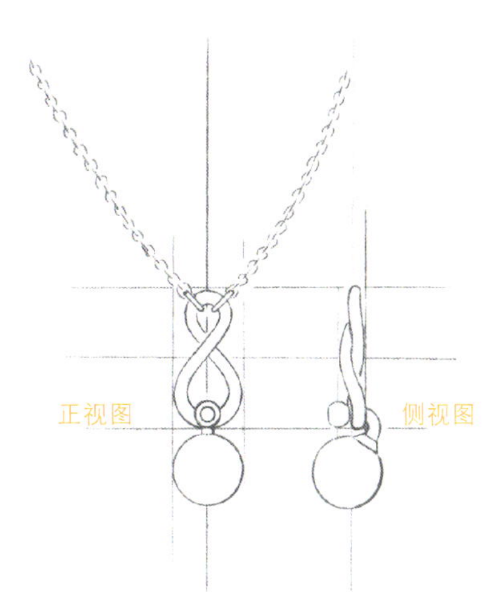

4 画出吊坠的链条。

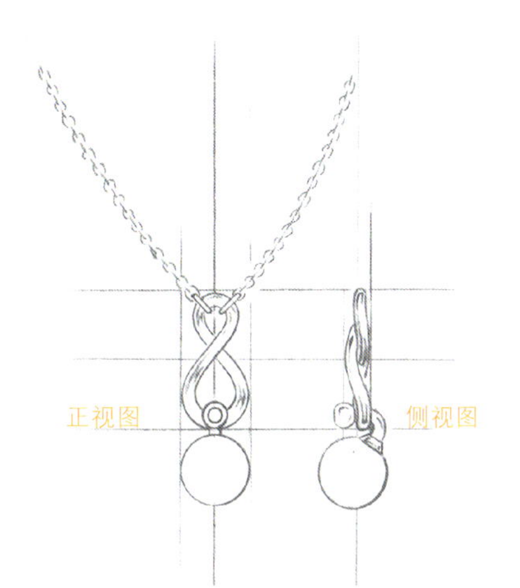

5 用铅笔轻轻的表现出金属的明暗关系。

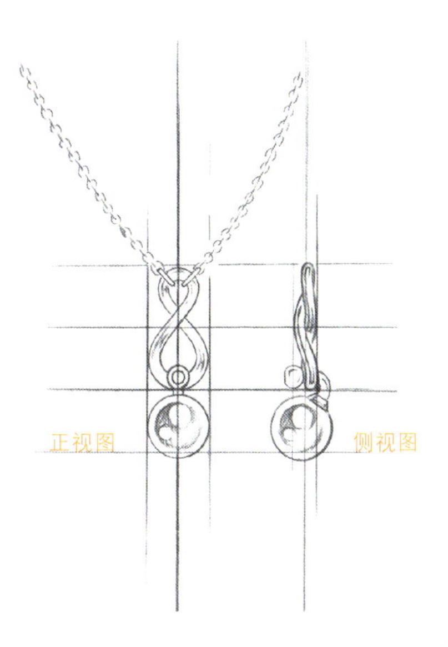

6 用铅笔表现出珍珠的明暗关系，让吊坠整体立体感更强烈。

四、吊坠结构的演变方法

对于吊坠来说，其结构有着明显的功能性。在设计的展开阶段，若能够清楚地掌握其目的性，随时增润其特色，让形的变化能随着其结构去发展，可设计出样式丰富、有趣味的吊坠。设计贵在举一反三，因此在吊坠的演变过程中，可以利用吊坠结构形态的放大或者缩小、扭曲或者拆分等方式来进行演变。

思考练习

吊坠和链牌的区别是什么？尝试设计一些吊坠并画出其侧视图。

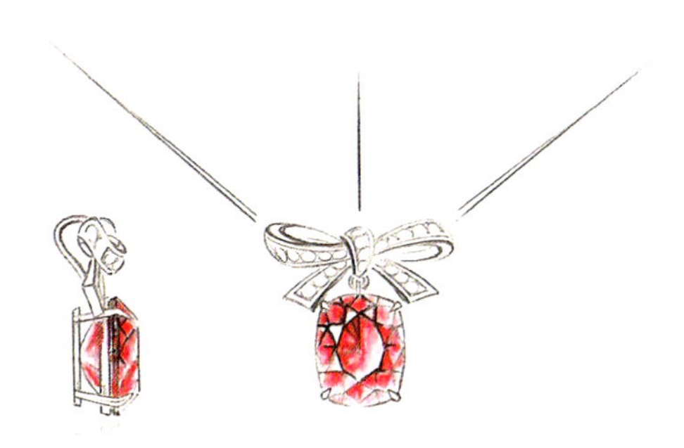

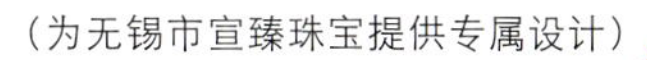
（为无锡市宣臻珠宝提供专属设计）

第13章 耳环的结构与画法

学习目标： 通过本章的学习，读者可掌握的知识有

1. 耳环的结构
2. 耳环正视图、侧视图的画法
3. 耳环结构的演变模式

珠宝设计的真正意义并不在于传递价值，而是要激发人类的美感和对艺术的体验。——黄湘民

耳环是装饰耳朵部位的饰品，在所有的珠宝首饰设计过程中，它设计的概率仅次于戒指。耳环在古代称为珥、珰，多以金属为主。而现今耳环在结构、色彩、材料和造型等方式上多有创新，款式更加丰富，不仅限于女性佩戴，也有男性佩戴的耳环。

一、耳环的种类

耳环有穿耳和不穿耳两种形式。穿耳的有钩挂式、穿链式、耳拍式、耳钉式等，不穿耳的有螺母式、弹簧式等。如下图所示。

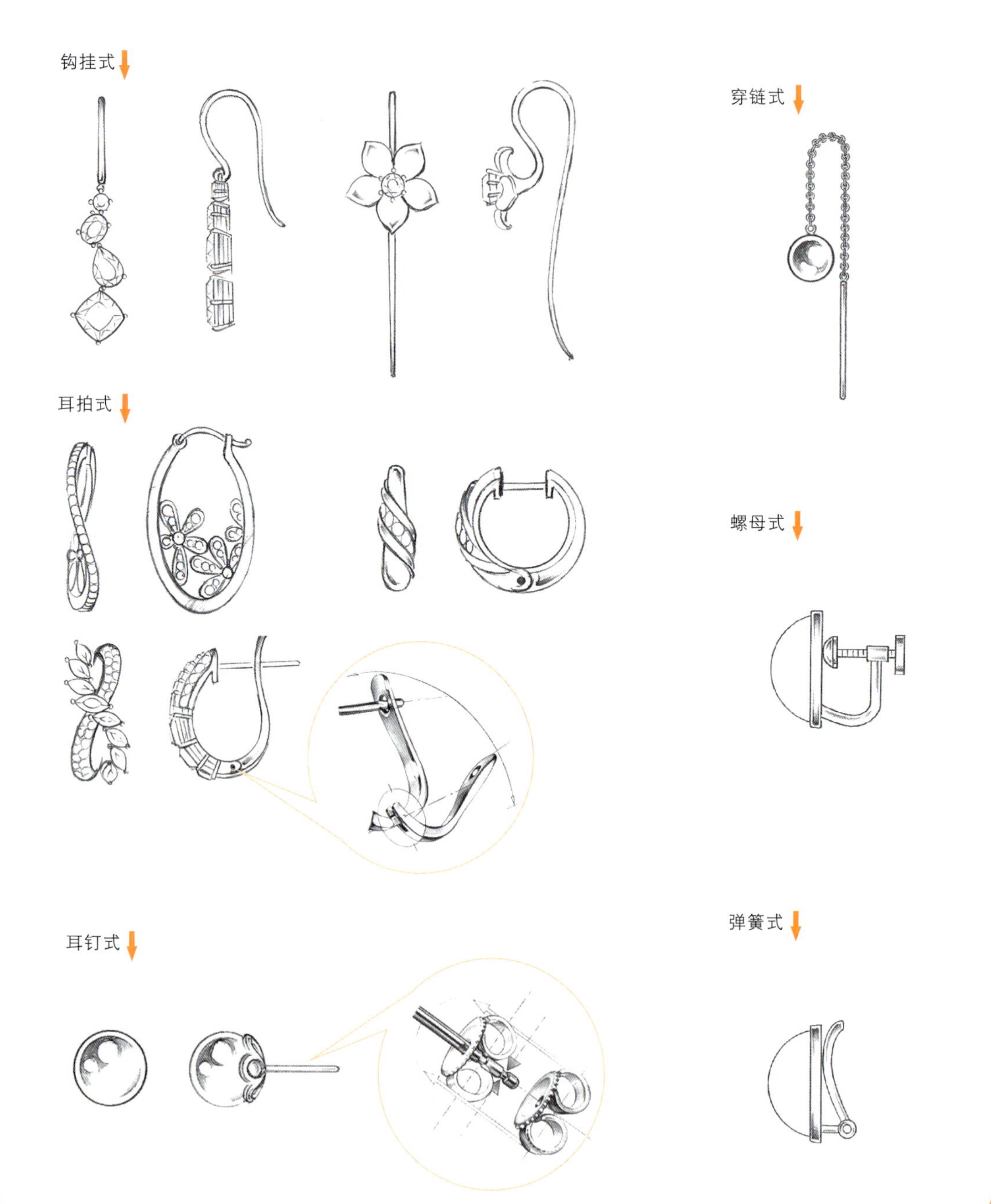

二、耳环正视图、侧视图的画法

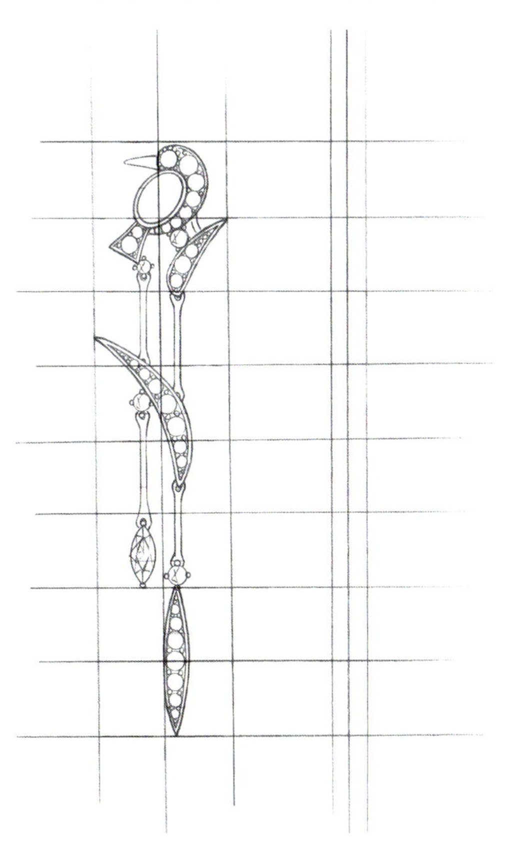

1 用直尺画出辅助线。

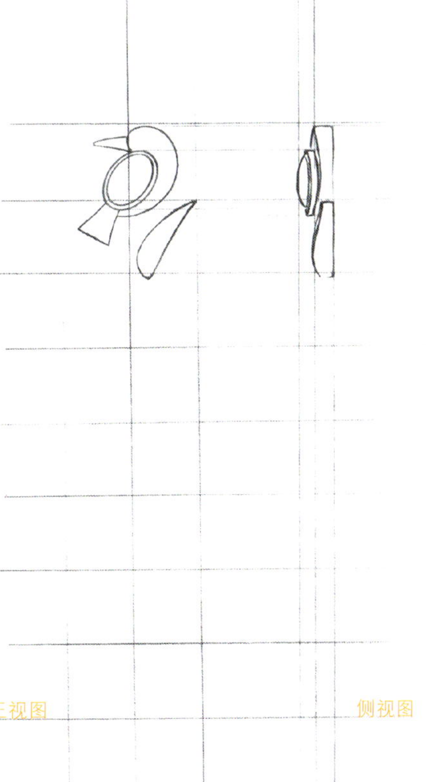

2 在辅助线上画出鸟的造型。鸟身体部位可以用椭圆形模板圈画，鸟身体的弧线也可借助椭圆形模板描画，然后根据正视图画出侧视图。

3 画出叶子的正视图以及侧视图。

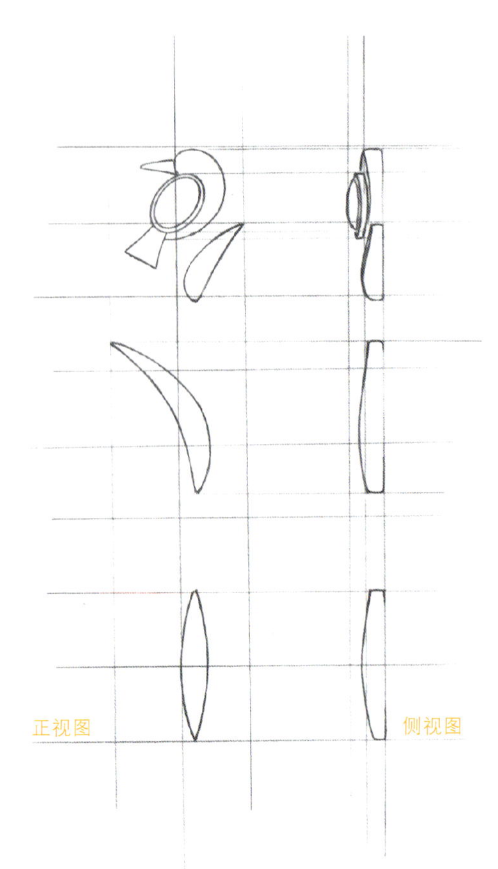

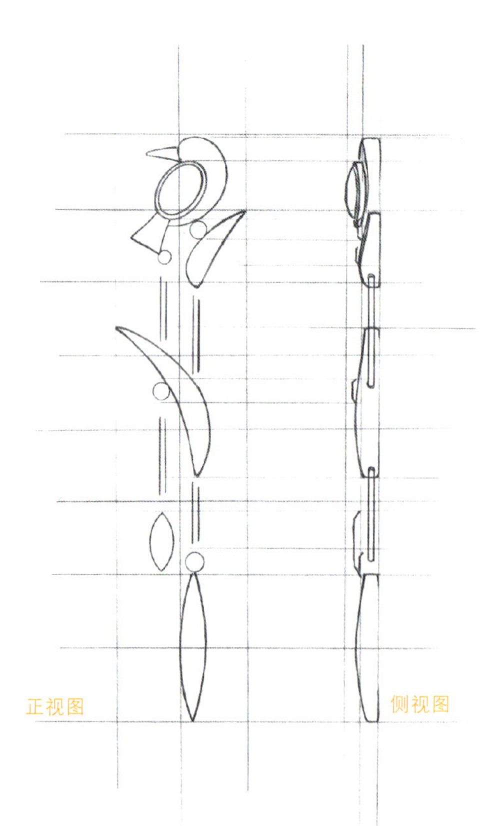

4 丰富耳环。借助宝石模板画出圆形宝石以及马眼形的宝石。

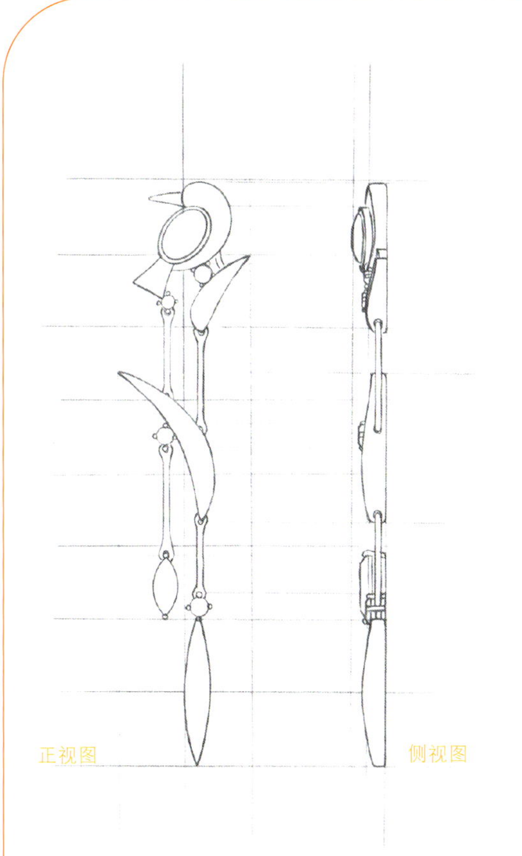

5 画出宝石的镶嵌方式。

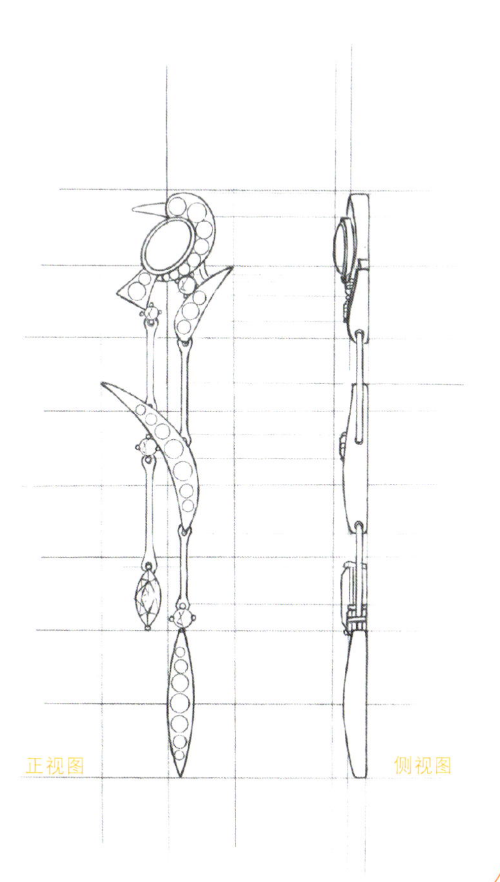

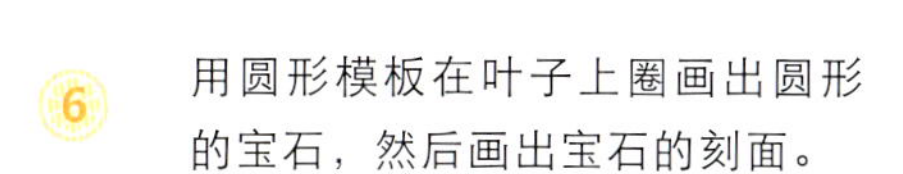

6 用圆形模板在叶子上圈画出圆形的宝石，然后画出宝石的刻面。

7 画出鸟身体部分的宝石以及叶子上宝石的镶嵌方式。

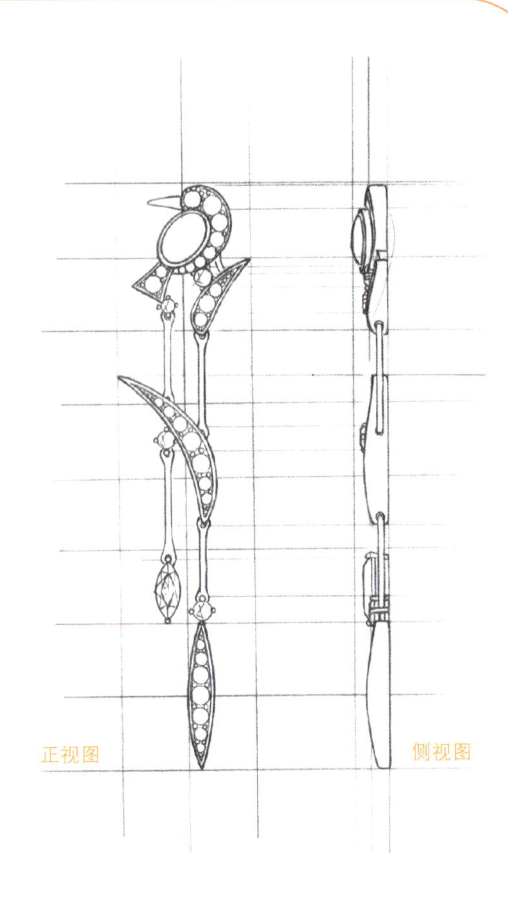

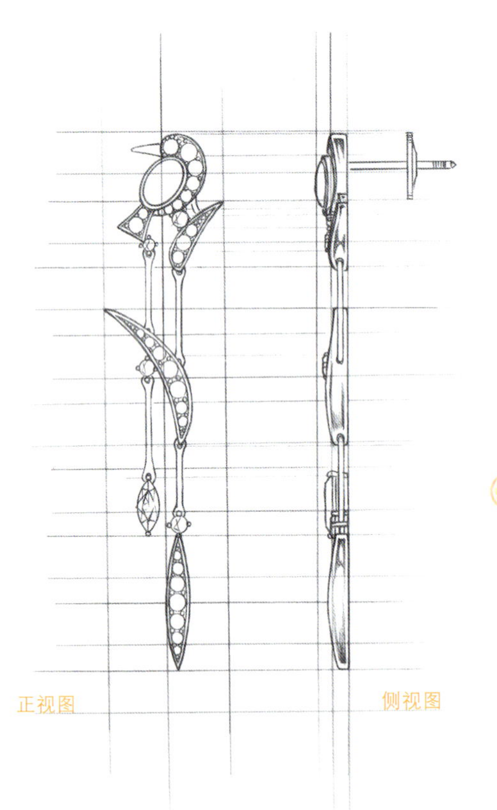

8 在耳环的侧视图中画出耳钉以及飞碟，然后用铅笔轻轻表现出一些明暗关系，增强金属质感。

三、耳环结构的演变模式

在设计耳环的过程中，常运用演变的模式来开发系列款式。在进行演变前，要先研究并分析其结构，进而才能抓到其精髓，这样设计出来的作品才能引人共鸣。图中是运用单颗宝石耳钉采用演变模式的范例。

思考练习

尝试画各种耳环的正视图、侧视图。

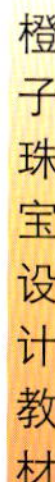

耳环四季系列欣赏

《春》

《夏》

耳环四季系列欣赏

《秋》

《冬》

第14章 手链的结构与画法

学习目标：通过本章的学习，读者可学习到的知识有

1. 链扣的结构
2. 链子的衔接
3. 手链的画法

得之在俄顷，积之在平日。——袁守定

手链是一种装饰于手腕的珠宝首饰，制作手链的材料十分丰富，每一种材料都有其独特的光泽和质感。手链由链扣和链节组成，多为金属制品，也有矿石、水晶等原石制品。与手镯和手环的区别在于，手链是链式，手镯和手环则是环状硬式。设计师们为追求时尚感，将手链的造型和风格也设计得丰富多彩。

一、链扣的结构

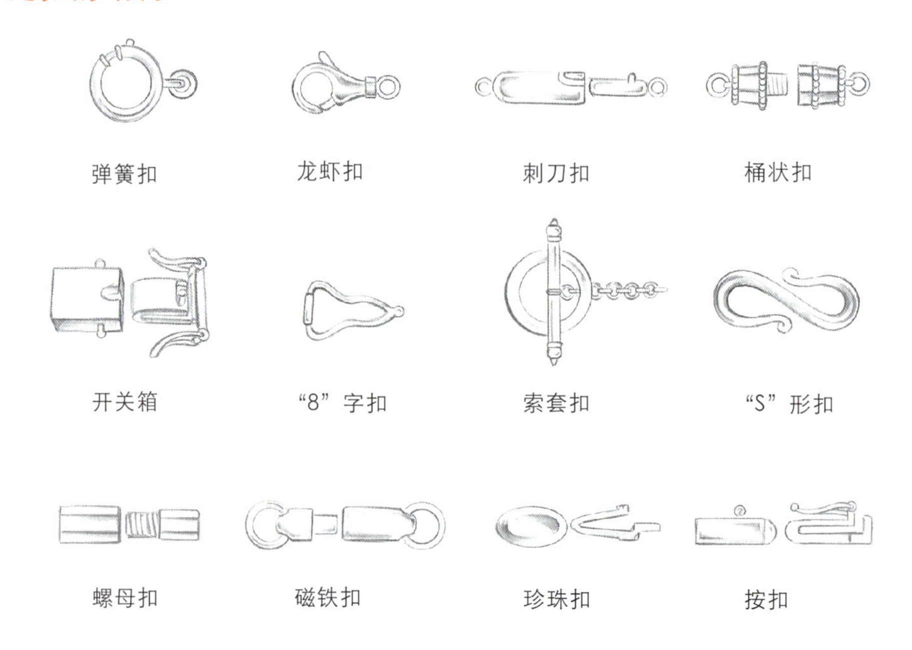

二、链节的衔接

由于项链与手链都是由一个个部件连接而成，因此在设计的过程中也要注意衔接部位的安排。

如下图所示，它们之间由钩舌来串连，每个部件下面都有个洞和“U”形口，钩舌每串起一个就把钩舌弯成“U”形口并焊接上。

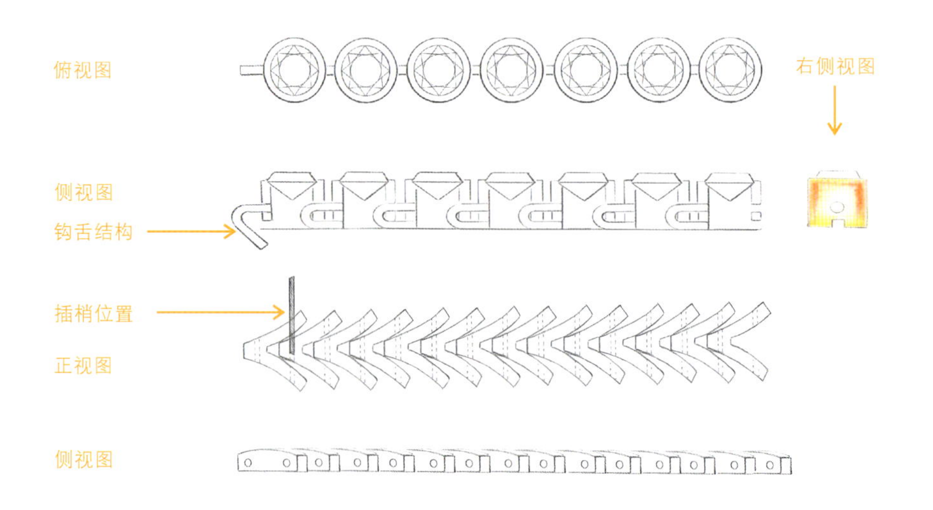

三、手链的种类

手链的长度因佩戴者手腕大小的不同而不同，设计的时候长度一般在150mm~220mm 之间。手链与手镯不同，手链是软式的节链，而手镯则是硬式的环状。因此手链既有手镯的气派，也有项链的灵气，是二者完美结合的体现。手链有节段式、渐变式和混合式等种类。

节段式手链：这种类型的手链设计时通常是以一个或两个以上链节作为单位依序重复的排列。

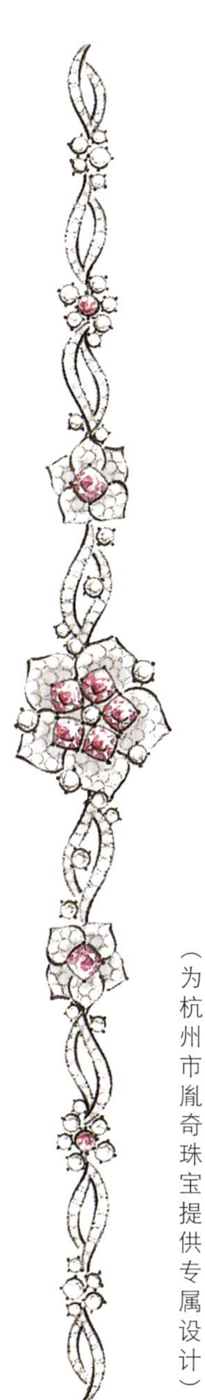

（为杭州市胤奇珠宝提供专属设计）

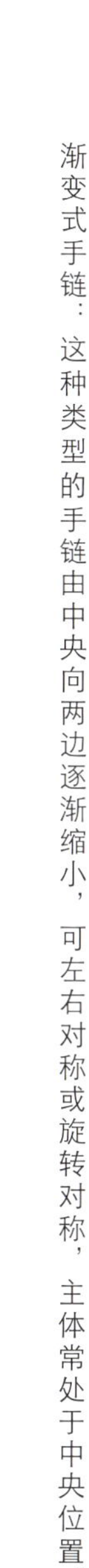

渐变式手链：这种类型的手链由中央向两边逐渐缩小，可左右对称或旋转对称，主体常处于中央位置。

混合式手链：这种类型的手链通常中央都有一个主体造型，两边可用K金链来衔接。

四、手链正视图、侧视图的画法

1. 画出手链的草图以及每个节之间的连接方式。

2. 确定手链的尺寸长度，根据草图画出手链的一个节。

3. 根据手链定出的长度，以重复的形式画出整条手链的造型，并画出手链搭扣的类型。

4. 画上配石以及刻面，光金的部位用阴影表现出其金属光泽，叠加部分要加重线，表现出前后关系，增强立体感。

5. 根据手链的正视图，画出手链的侧视图，注意每个侧视图部分的高低位，链节与链节之间衔接是否顺畅。

春

四季

当你为错过冬日暖阳而哭泣的时候，
你也要再错过草长莺飞了。

橙子珠宝设计中心

146

第15章　项链的结构与设计

学习目标：通过本章的学习，读者可学习到的知识有

1. 项链的结构
2. 项链的设计

真的珠宝设计师，敢于直面疯狂的催图，敢于正视变态的改图。——黄湘民

穿挂式项链

此类项链是项链中最简单的结构模式，一般是由一条圈线穿挂于脖子上。若在圈线的下方套挂上一些装饰物，类似吊坠，则这些项链具有一个更鲜明的主题形式，项链的内容会更丰富。现在很多设计师在设计这类项链时考虑佩戴的多样性，通常会设计成可拆卸款式，即一款项链有两种或者多种戴法。一般可拆分为吊坠、胸针佩戴。

（为无锡市TÖK珠宝提供专属设计）

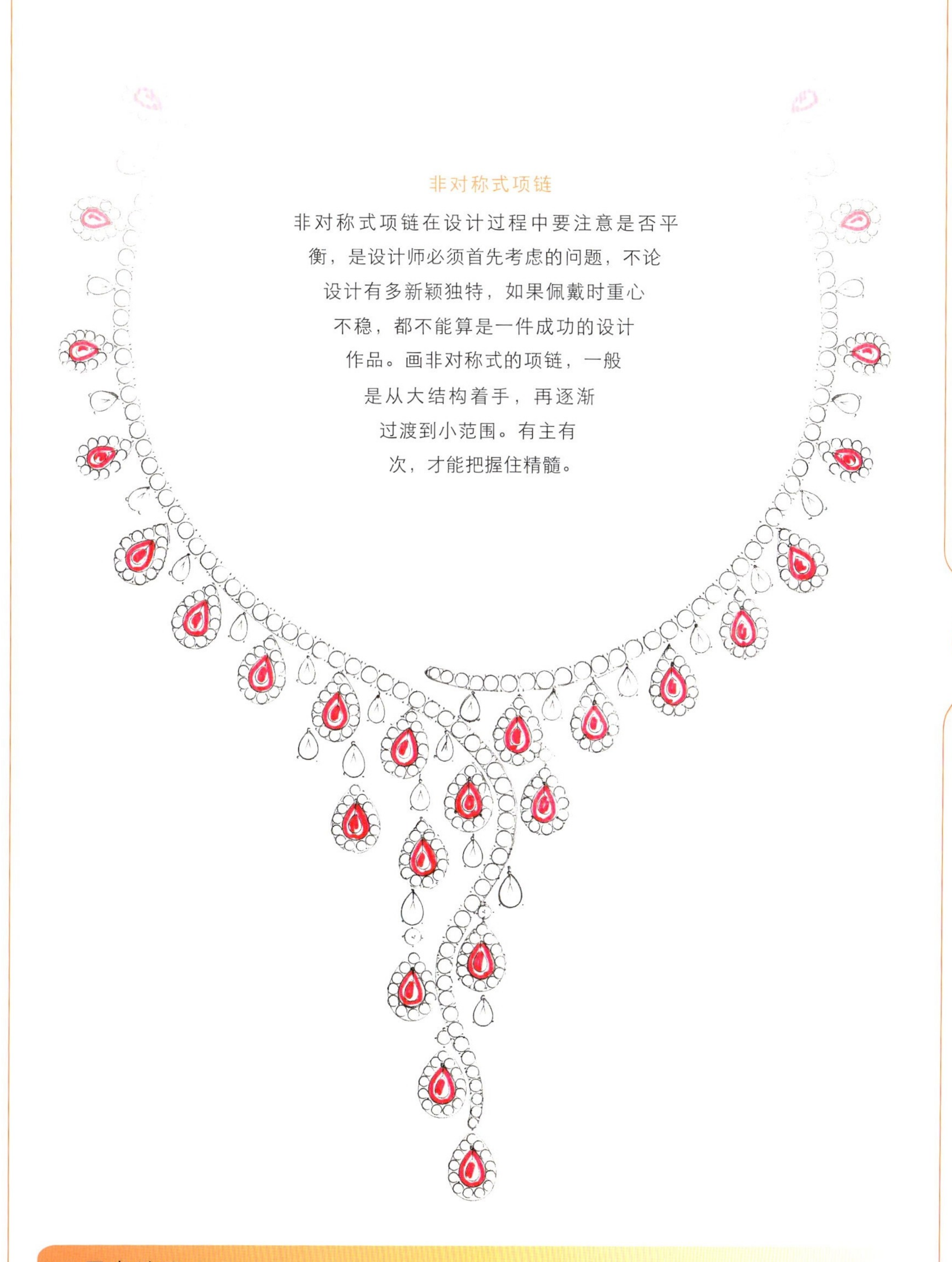

非对称式项链

非对称式项链在设计过程中要注意是否平衡，是设计师必须首先考虑的问题，不论设计有多新颖独特，如果佩戴时重心不稳，都不能算是一件成功的设计作品。画非对称式的项链，一般是从大结构着手，再逐渐过渡到小范围。有主有次，才能把握住精髓。

思考练习

项链与手链有何区别？尝试画一些项链（对称项链、非对称项链等）。

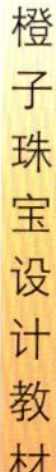

项链欣赏

项链欣赏

156

第16章　手镯的结构与画法

学习目标：通过本章的学习，读者可学习到

1. 手镯的结构
2. 手镯视图的画法

无论是美女的歌声，还是酒吧的鼓声，都不会使我坚持练习的决心动摇。——黄湘民

手镯跟手链一样，是装饰手腕部位的饰品，但是手镯是硬式的环状。因为这一特性，手镯在设计上就有更多的造型。按其结构一般分为两种：一种是封闭型，多以素金、玉石类材料制成；另一种是有活动的接口，由两个或数个链环相连而成，多以贵金属材料制成。

一、手镯的结构

手镯虽然被认为是作为手腕的装饰物，是人们最早萌生朦胧爱美意识的体现，但也有许多学者认为，手镯最初的出现并非完全是出于爱美，而是与图腾崇拜、巫术礼仪有关。同时，也有史学家认为，由于封建社会男性在经济生活中占有绝对的统治地位，使得戒指、手镯等饰物有了一种权力的隐喻，这种隐喻在相当长的一段时间里一直存在着。

手镯分为开锁式、开口式以及封口式。

开锁式的手镯分为上、下两半，以锁扣结合，配戴时打开锁夹，将手腕扣住即可。

封口式

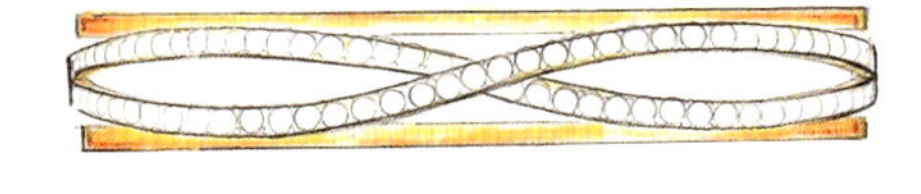

开锁式

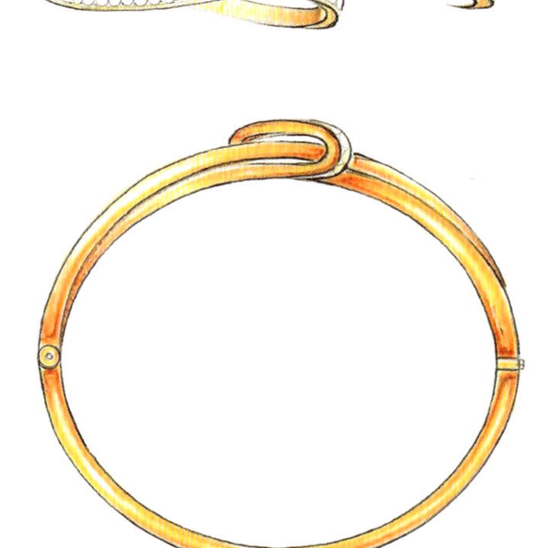

开口式通常都是宽幅的手镯，又可分两种：固定式和弹簧式。

固定式：配戴时开口从手腕侧边推进，至定位后将其回位。

弹簧式：在开口的对边或侧边，做成旋纽装上弹簧片，配戴时扩大开口，利用弹簧的伸缩性，轻松放在手腕上，将张开的两边向内挤压，此时弹簧恢复原状，开口缩小。手镯结构也常成为设计的重点，市面上偶尔也会遇到令人拍案叫绝的精彩结构设计。

固定式

弹簧式

二、手镯的视图

手镯就如同放大数倍的戒指，因此可以用画戒指的方式来画手镯，但与戒指有区别，戒指的指围大多是圆形，而手镯的镯围则不局限于圆形，有相当多的镯围采用的是椭圆形、枕形或心形等。

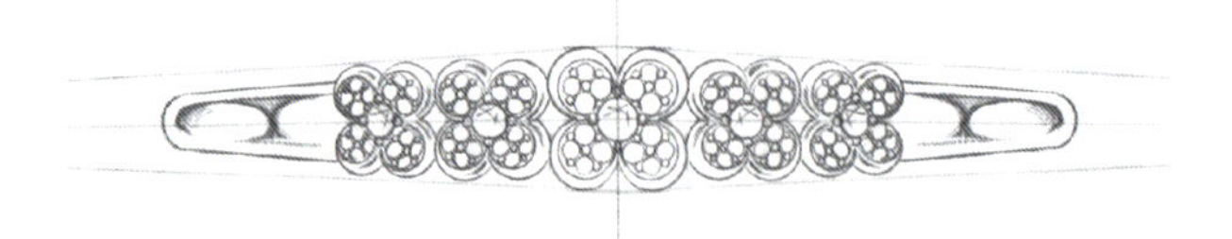

主视图

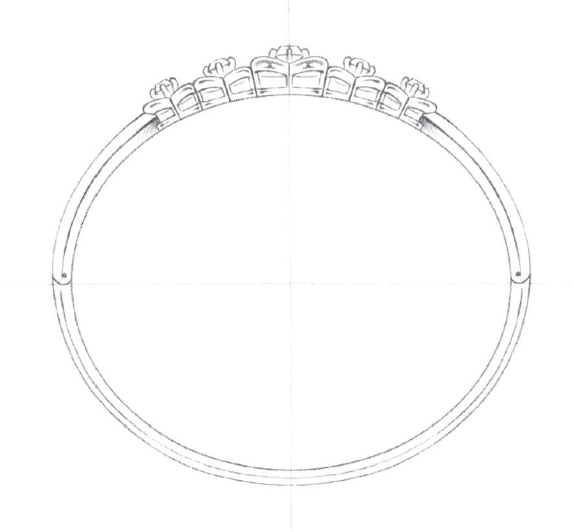

手镯手寸对照表

港度 (#)	直径 (mm)	周长 (mm)	港度 (#)	直径 (mm)	周长 (mm)
13	48mm×38mm	136.2	13.5	49mm×39mm	139.3
14	50mm×40mm	142.5	14.5	51mm×41mm	145.6
15	52mm×42mm	148.7	15.5	53mm×43mm	151.9
16	54mm×44mm	155.1	16.5	55mm×45mm	158.2
17	56mm×46mm	161.3	17.5	57mm×47mm	164.5
18	58mm×48mm	167.6	18.5	59mm×49mm	170.7
19	60mm×50mm	173.9	19.5	61mm×51mm	177.1
20	62mm×52mm	180.2	20.5	63mm×53mm	183.3
21	64mm×54mm	186.4	21.5	65mm×55mm	189.6
22	66mm×56mm	192.7	22.5	67mm×57mm	195.9

三、手镯俯视图、主视图的画法

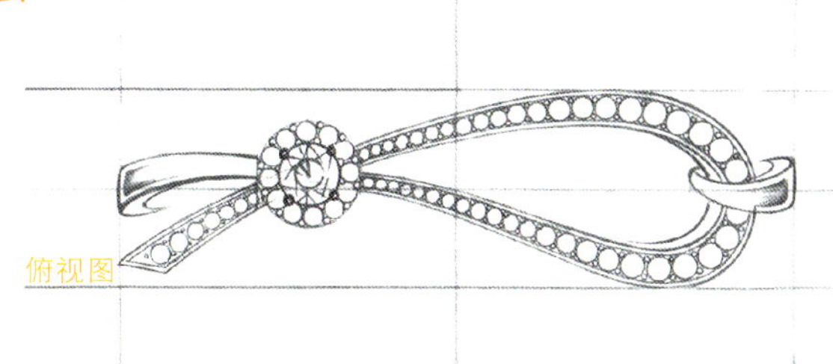

1 用直尺画出辅助线，然后在主视图中画出手镯的内圈口尺寸。

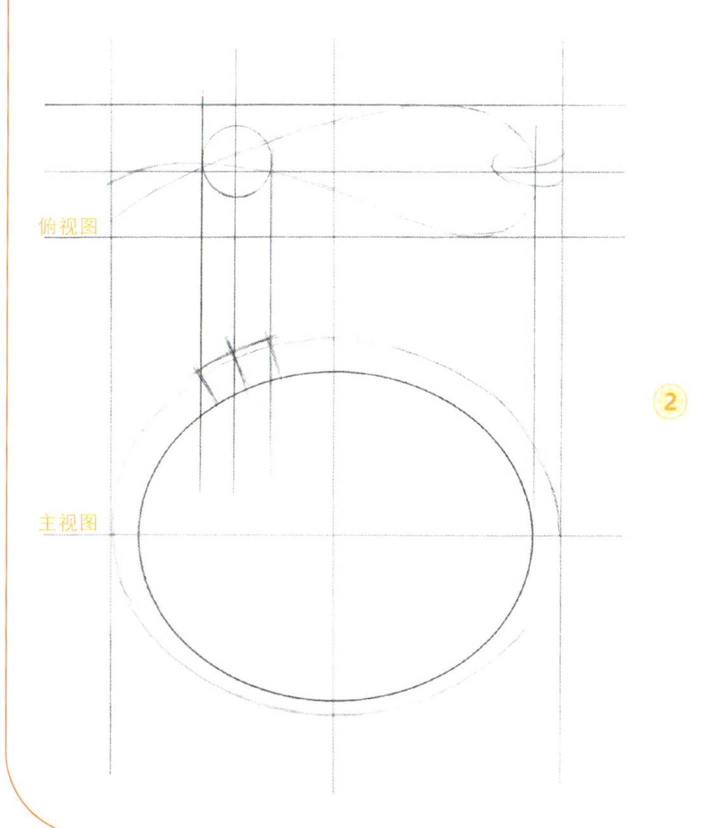

2 用圆形模板在手镯的俯视图中画出手镯花头部分的大小，然后画出手镯的草图。根据手镯的俯视图画出主视图的细节。

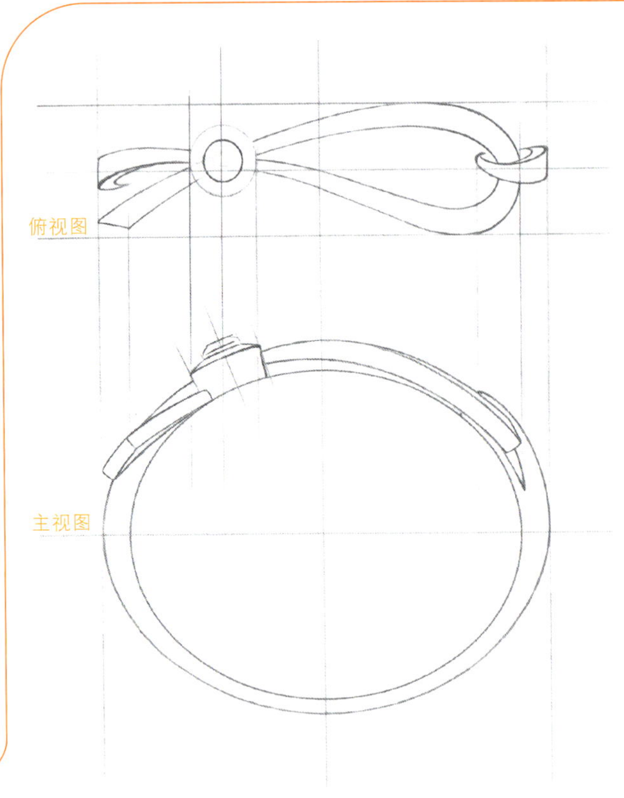

③ 修整手镯造型，丰富细节，注意在手镯转折处要表现出其厚度。

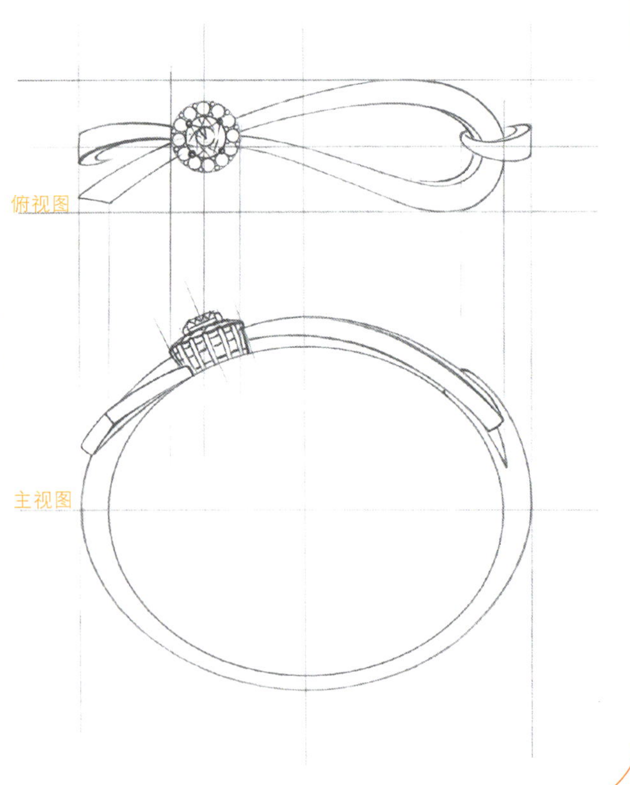

④ 用圆形模板在俯视图中画出镶嵌的宝石以及宝石的镶嵌方式。根据手镯的俯视图画出主视图中手镯的细节。

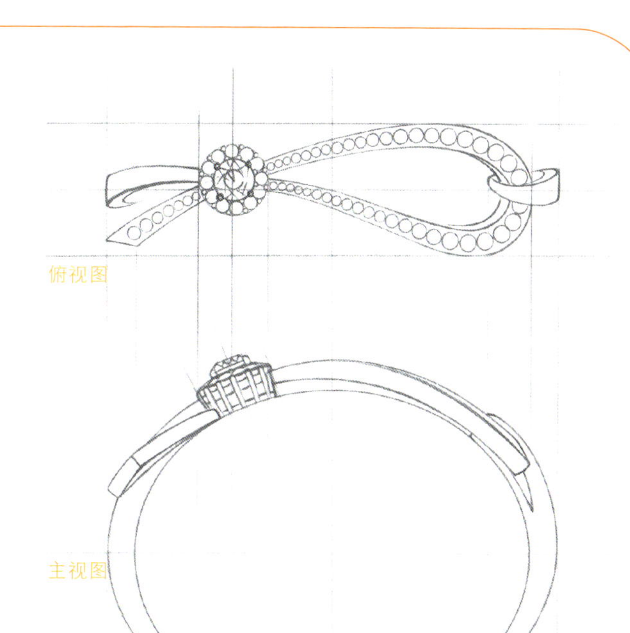

5 用圆形模板在手镯的俯视图中圈画出镶嵌的宝石。

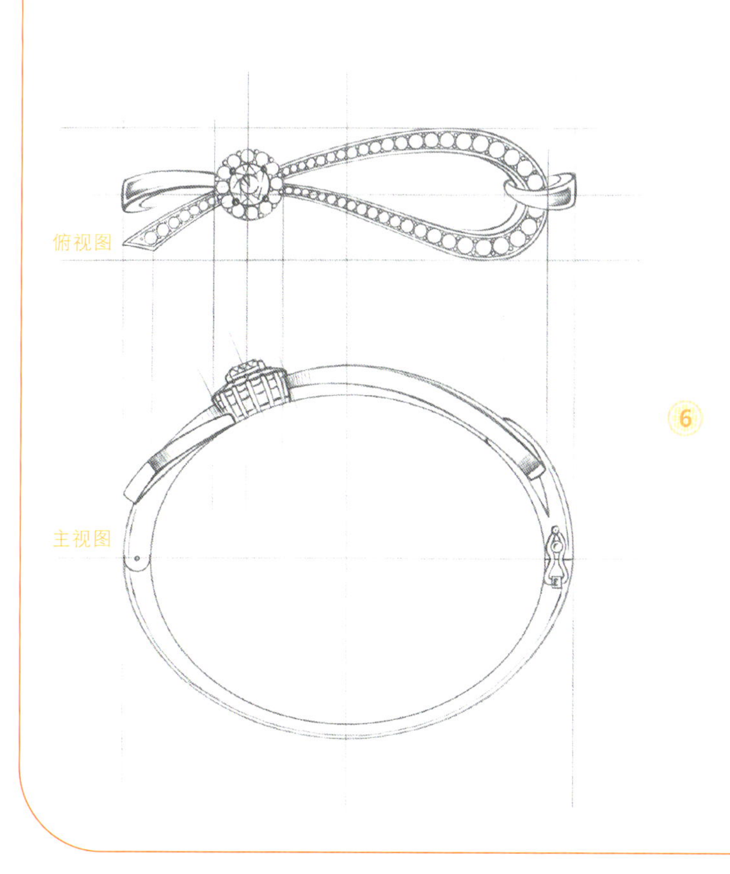

6 在手镯的俯视图中画出宝石的镶嵌方式，注意宝石采用的是有边钉镶，因此要画出宝石镶嵌的金边。最后用铅笔轻轻表现出一些明暗关系，增强手镯的立体感。

手镯欣赏

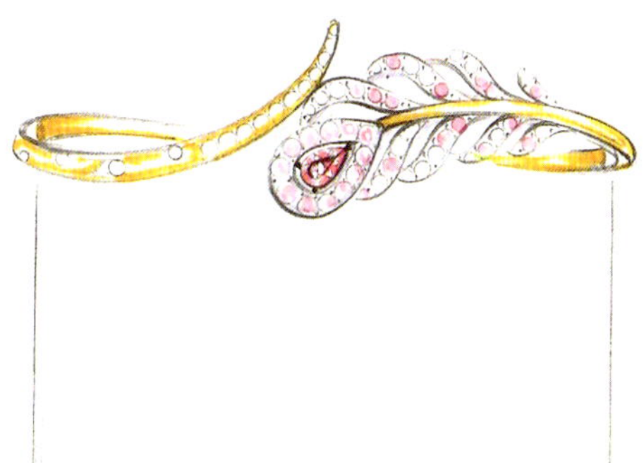

思考练习

手镯有哪些种类？尝试画出一些手镯及其各个视图。

第17章 胸针、袖扣的结构与画法

学习目标：通过本章的学习，读者可掌握到

1. 胸针的结构与画法

2. 袖扣的结构与画法

天才就是百分之九十九的汗水加百分之一的灵感。

——爱迪生

一、胸针

胸针，又称为胸花、衫针，可以作为纯粹装饰物或者固定衣服的用处。胸针的可塑性很强，可大可小可简可繁，主要由主件和插入衣服的针筒两部分组成。考虑到胸针的平衡性，金属针的位置一般在整个花形上半部分。

胸针不仅可以佩戴于胸口上，还可佩戴于胸口中间，领口的中间或环绕于领口、帽子上等。

胸针正视图、侧视图的画法

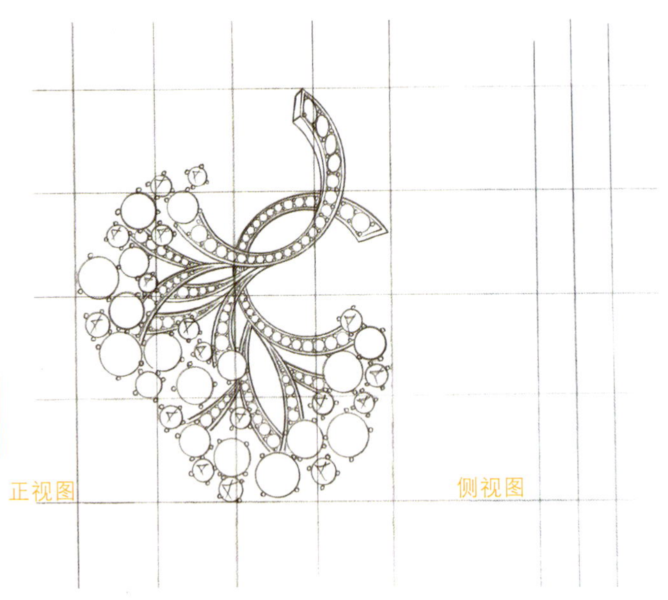

1 用直尺画出辅助线。

2 胸针的正视图借助圆形模板和大椭圆形模板画出造型，然后根据胸针的正视图画出侧视图。

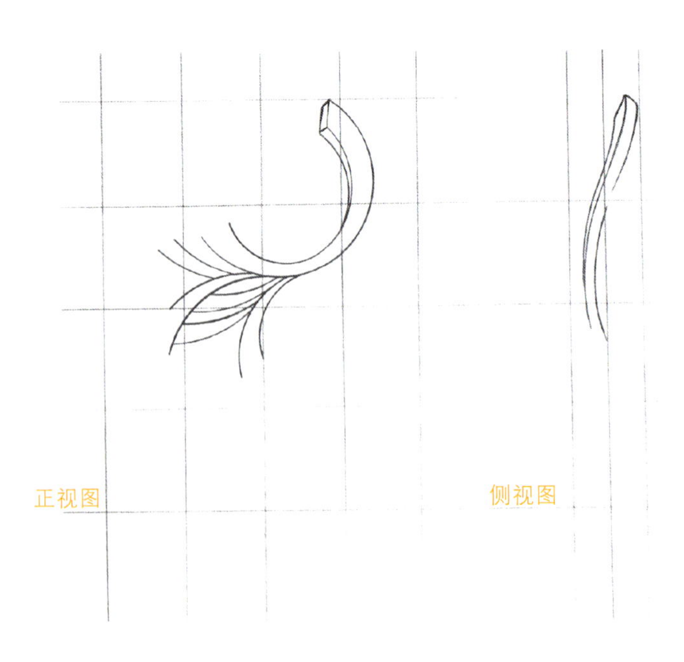

3 胸针的正视图继续借助圆形模板和大椭圆形模板丰富造型，注意胸针侧视图金属的高低位。

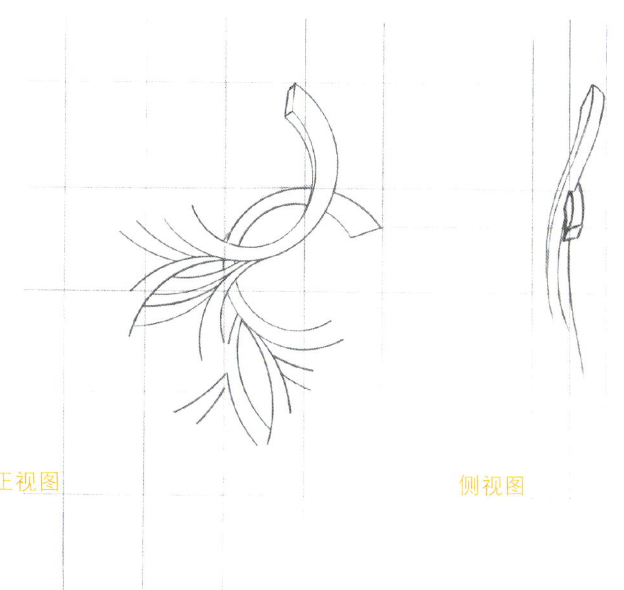
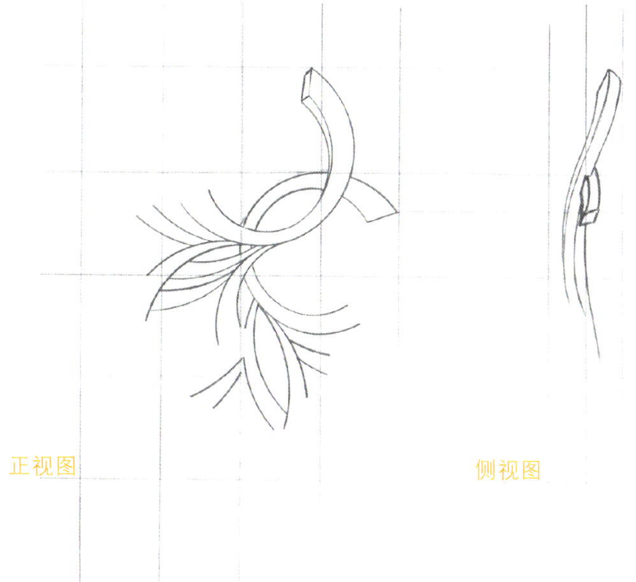

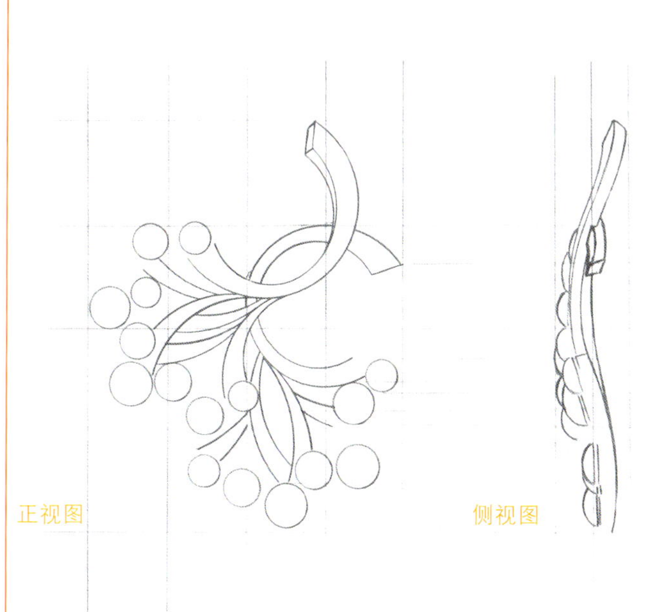

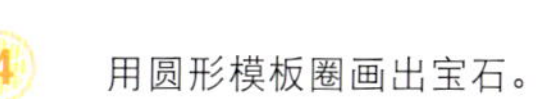
4 用圆形模板圈画出宝石。

5 继续用圆形模板圈画出一些小宝石。

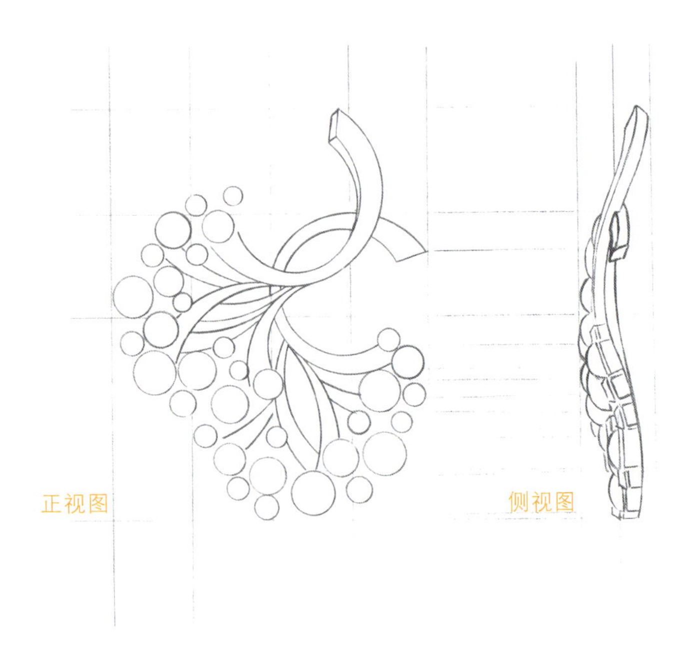

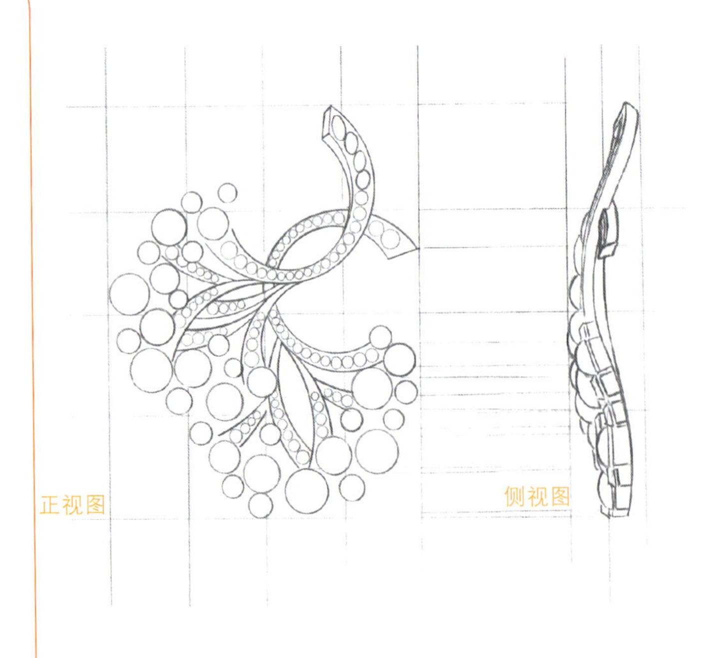

6 用圆形模板圈画出金属部位的宝石。

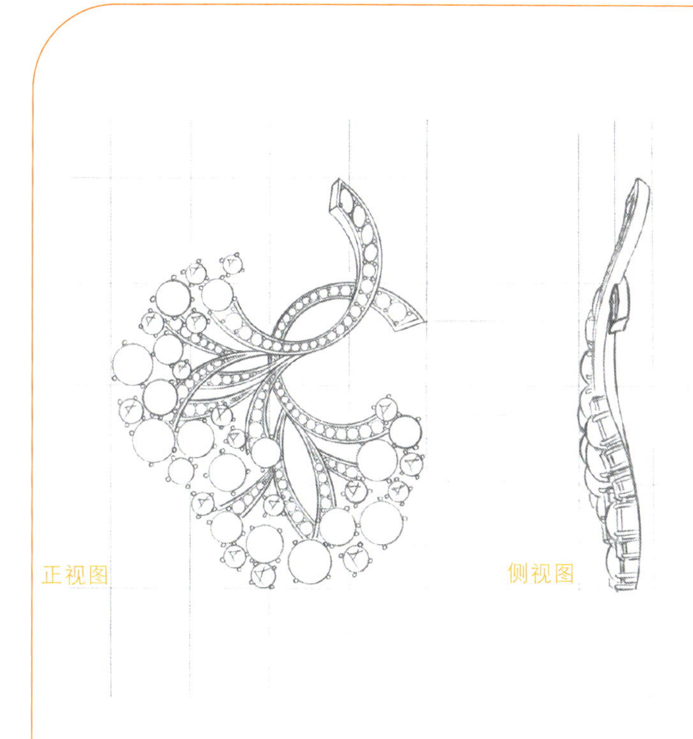

画出宝石的镶嵌方式，注意金属部位的宝石采用的是有边钉镶，因此要画出镶嵌的金属边。

8 画出宝石的刻面。用铅笔轻轻表现出金属的一些光影变化，增强立体感。

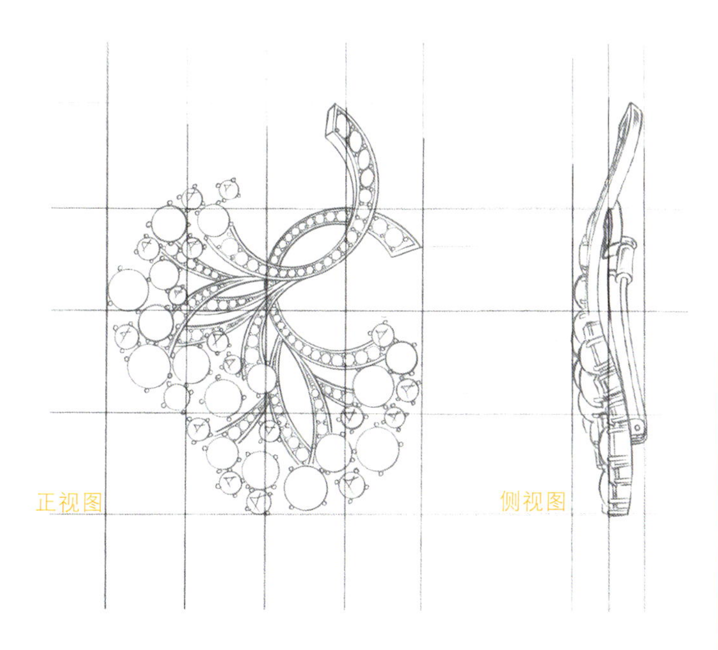

胸针欣赏

（为深圳市庭笙珠宝提供专属设计）

打开手机扫一扫可购买《银杏叶》胸针

二、袖扣

袖扣是装饰在男士衬衫上的珠宝首饰，可代替袖口部位的扣子，让原本单调的服装看起来多了一抹亮色。形状多是一些几何形状，如方形、圆形等，主要由主饰面和背部的袖脚组成，同时袖脚是可以活动的。

袖扣正视图、侧视图

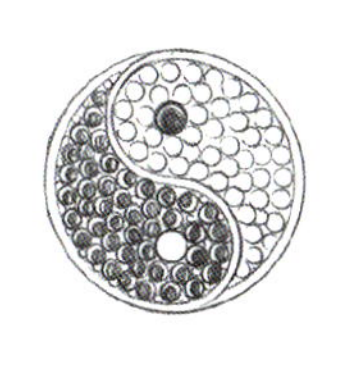

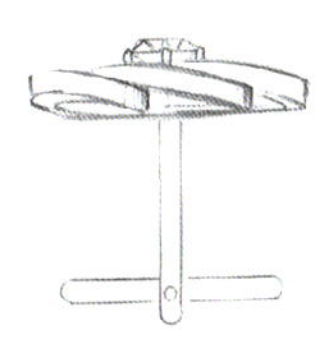

袖扣欣赏

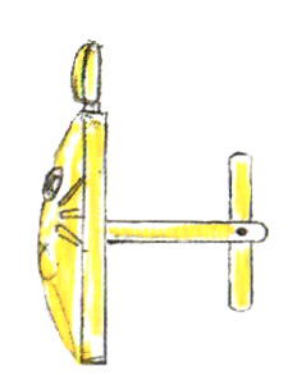

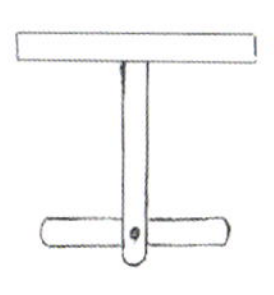

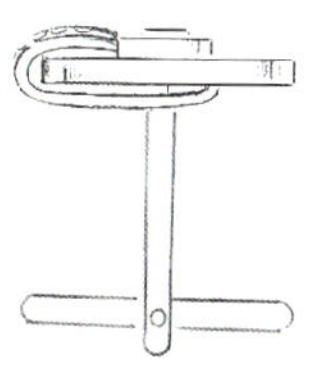

（为北京市荟珠宝提供专属设计）

思考练习

佩戴胸针的地方除了书中提到的之外还有哪些?

下篇 珠宝设计法则

一树一花一叶一故事
色彩搭配、形状法则等
生活中所见
皆能成为设计中的灵感
而我们要做的是
善于去发现美
再举一反三
将它运用到设计中去

第18章 灵感来源及提炼

学习目标：通过本章的学习，读者可学习到

1. 灵感来源于何处
2. 素材的捕捉与提炼

灵感，是由于顽强的劳动而获得的奖赏；灵感，是一个不喜欢拜访懒惰者的客人。——列宾

灵感，是设计创作的火花。有灵感的作品才能触动人最深处的情感，从而引起共鸣。珠宝设计的灵感来源于生活的方方面面，广博的见闻、良好的艺术功底和文化素养都是一名优秀的珠宝首饰设计师取之不尽的灵感源泉。

如果设计师没有自己的创意，是非常可怕的一件事。再顶级的设计师也有江郎才尽的时候，如何才能找到创意的灵感呢？如何才能让创意源源不断呢？在公车上摇晃，在马路上散步，陪朋友逛街或看电影，甚至路过一条宁静的小路或斑驳的墙面时，都有可能灵感涌现。创意的关键不是时机，而是思考的方法，思考的模式。本章为大家分享一些技巧和方法，希望可以带来天马行空的想象和无穷无尽的创意。

一、灵感来源

灵感源于积累

“很多实践证明，准备的越多，离成功就越近，准备的越少，离成功就越远，要知道，灵感是从积累中得来，而非偶然。”

——查尔斯·哈奈尔

面对一些奇妙的设计作品，总会惊叹那是灵感碰撞的火花。于是开始幻想自己有一天也忽然灵感闪现，设计出一件可以震惊世界的作品。但殊不知那些设计师只告知了创作中最后的那一部分，并把一切归结为灵感。正是这种误导让人们变得异想天开，而忽视了创作的过程——积累，总结，再积累，再总结。这才是灵感的真正来源！

不要盲目地等待灵感的到来，积极地准备灵感所需要的条件。相信只要有了灵感生存的土壤，梦想将在夯实的土地中开出花朵。

没有人知道什么是没有用的，正如没有人知道到底什么才是有用的一样。大自然赋予了我们足以装下宇宙的智慧，但只有真正开阔的心才可以得到。

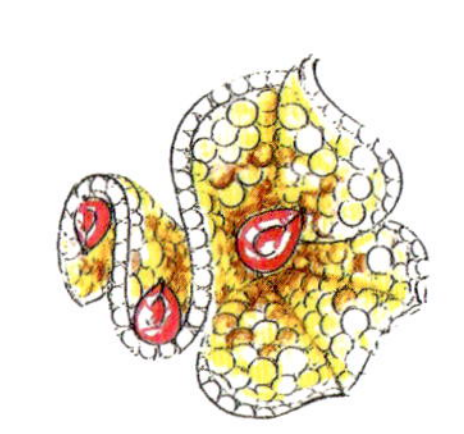

培养想象力

试着让思维犹如脱缰的野马一样驰骋在脑海里。回忆小时候做过愚蠢的事情、在本子上涂鸦、唱抒情的歌、相信自己有超能力……所有想象的东西都藏在脑子里，只有自己看得到，然后刷新记忆，通过现在的文字、技能、思维，重新思考，才能得到些灵感。

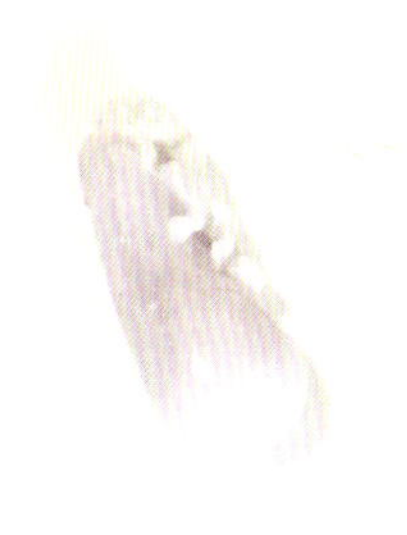

有时间做梦休息

找个地方单独发呆，什么都不要想，什么也不要做，让身心彻底放松。把寻找灵感的事放一边，安静地休息，哪怕静坐发呆，或者做个白日梦。

和朋友挑战象棋技术，棋盘中的布局能启发灵感；去公园喂鸽子，看觅食的鸽子在空中盘旋，飞翔的姿态能启发灵感；打电游时游戏界面的各种闪电和颜色搭配能启发灵感；逛街时街上的创意广告能启发灵感等，这些都是一种休闲，更是寻找设计灵感来源的方式，或许灵感就在举手投足的瞬间。

尝试新事物

另辟蹊径，做一件平时不敢做的事情，哪怕是在上下班的路上换走另一条没走过的路，也许会发现另一处风景。周而复始的重复让你轻车熟路、游刃有余。但是，也会因此把自己禁锢在固定的模式之中，得不到改进，缺乏冒险精神。万物总是发展的，所以需要不断学习，不断接触新事物。

接近有创意的人

找一些志同道合的人，大家一起分享创意思维。肖伯纳说：“如果你有一个苹果，我有一个苹果，我们交换这些苹果，那么你和我仍然各有一个苹果。但是，如果你有一个想法，我有一个想法，我们交换这些想法，那么我们每个人都有两个想法。”或许可以合并两个相关的思想，形成一个更好的新创意，时常和有趣的人沟通彼此的想法和经验，这比一个人苦思冥想要好得多。

走进大自然

法国雕塑家罗丹曾说过："生活中不是缺少美，而是缺少一双善于发现美的眼睛。"设计师应当充分利用自然界中可利用的事物，观察生活中的点点滴滴，体会深厚文化背景下的内涵，为在今后的设计创作中开拓更广阔的视野。

艺术就是模拟自然的美丽，因此，应该走进大自然去感受这种真实的美。山峦的壮丽，河边充满诗意的百年老树，还有生命不息的长河，盛开的花朵，飞舞的蝴蝶，飘零的树叶，甚至于那些在爬行的虫子……大自然就是取之不尽、用之不竭的灵感之源。

这世界上几乎每一样事物都能有所启发，但总是无法预料什么东西会点燃创意的火花。作为一个设计师，最不能缺少的就是随身携带纸和笔，或者相机，这样才能随时记下心中所想，不让灵感悄悄溜走。

二、素材的捕捉与提炼

在很多时候，不知从何处把握住设计的造型，这就需要设计师在平时多注意观察事物的特征，动手描画出其大概的造型，这样在设计中才不至于束手无策。

写实法

即在提炼素材的时候，使其能与实物图基本相似，保留其基本特征，达到神似，力求逼真的一种表现方式。但在提炼的过程中，应主次分明，突出特点，弱化其他细节，仅在小细节上做一些修改变化。这种方法设计的作品比较写实，作品真实，但缺乏设计感。

1 画出樱桃的草图，注意抓住其特征，注意叶子的形态，不要画得僵硬，要表现它轻飘柔美之感。

2 镶嵌上宝石，注意樱桃是立体效果，画镶石的时候注意转折面宝石的画法。

3 完成设计后上色，能更好地表现出设计的美感，上色过程中注意颜色的搭配。

1 根据参考图画出风车整体造型，注意分布要均匀有序。

2 调整造型，配上瓜子扣，最后上色。

抽象法

这种方法首先要研究对象的结构和特征，通常是将物像抽离、分割，留下精华部分也能体现该对象的最大特征。这种方法设计的作品比较抽象，也更具有设计感。

1 对叶子形态进行夸张简化，使叶子造型充满张力美。

2 顺着叶子方向有顺序的进行排石。

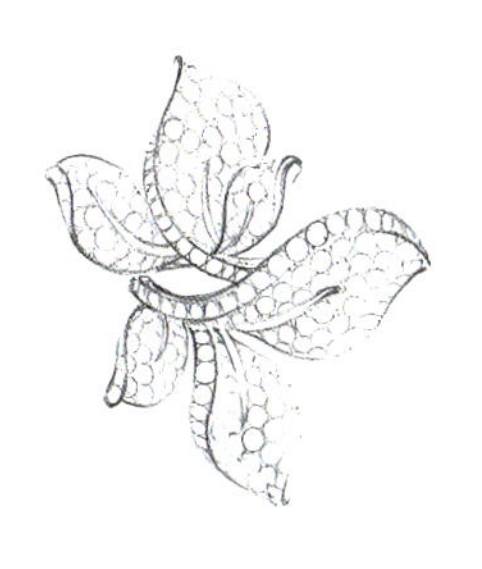

3 用彩铅表现出上色效果图，颜色搭配要协调。

1 根据丝带造型，可尽量夸张丝带，使整个造型看起来更加柔美飘逸。

2 沿着丝带进行排石，注意转折处的排石变化。

3 用彩铅表现出最终上色效果，颜色渐变涂画时过渡要自然。

替换法

即将实物的造型卡通化，或者对局部的造型夸张化，通过卡通的造型来替换出珠宝首饰的造型，使整件设计作品看起来充满了趣味。

1 采用替换的方法抽取出蜻蜓的整体造型，画出草图。

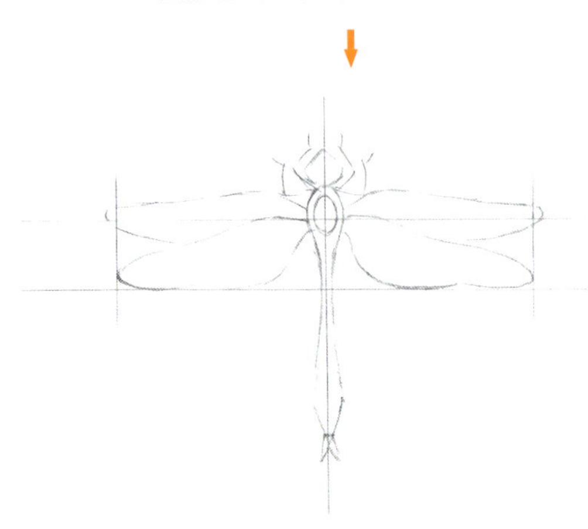

2 在草图的基础上稍微对蜻蜓造型进行美化，使蜻蜓更具美感。

3 对蜻蜓进行排石，宝石排列要有秩序的美感，最后画出宝石的镶嵌方式。

4 用彩铅上色，画出蜻蜓的颜色效果图，注意宝石颜色的渐变变化。

混合法

混合法是一种较为常用的设计方法，即用多种手法，把复杂的对象转化成珠宝首饰的造型。过程看似“复杂”，却讲究构思的巧妙、新颖，力求将对象符号化，注重造型的对比、呼应和内在的整体性。

1 掌握特征，去繁就简，描出大概造型，利用放大或者缩小的技巧来整理造型。

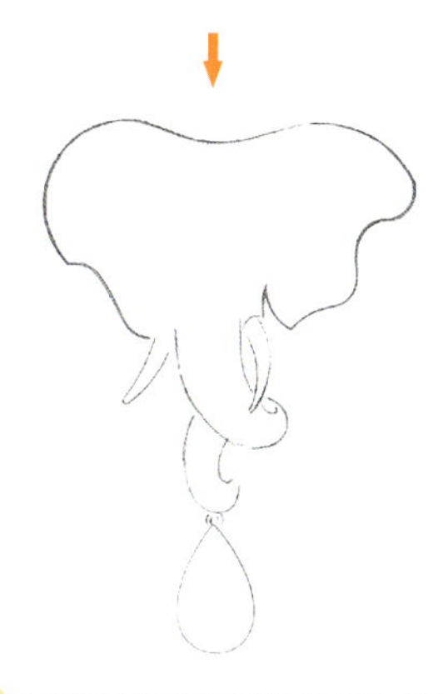

2 在草图基础上调整并细化造型，注意大象眼睛部位，要表现出有力的神态。

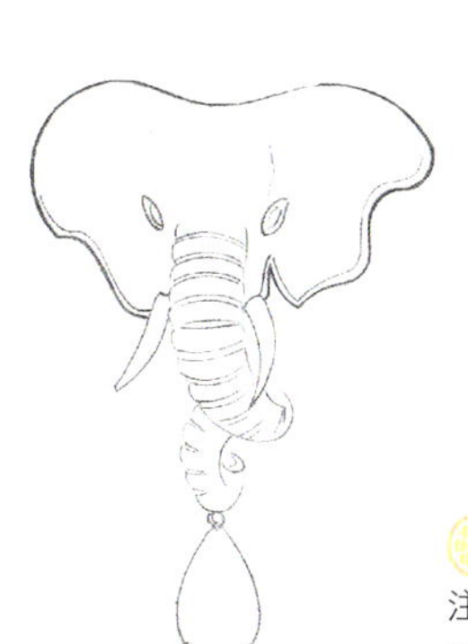

3 对修改后的大象造型进行排石，注意头部和转折部位的排石，要排列出立体感。

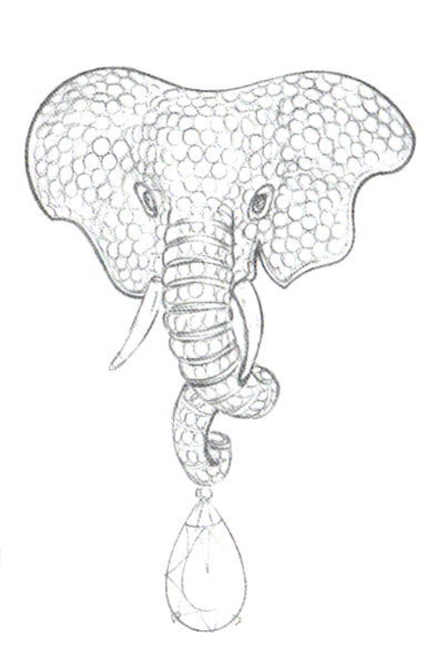

4 用彩铅上色，画出颜色效果图，注意用颜色来表现出大象的立体效果。

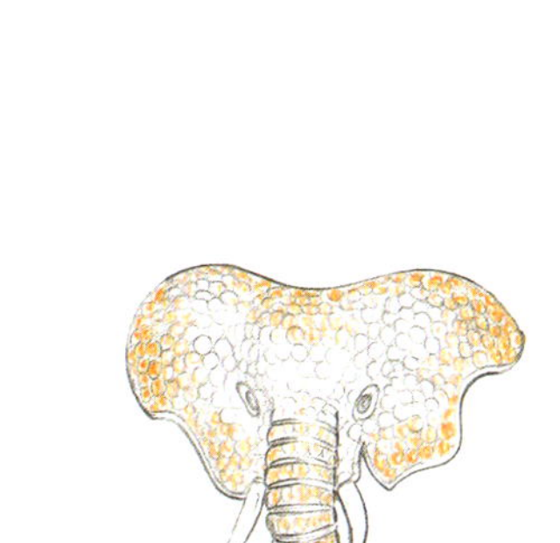

思考练习

找一些素材进行提炼创作设计。

灵感捕捉欣赏

第19章 珠宝设计的基本法则

学习目标：通过本章的学习，读者可掌握到珠宝设计的一些基本法则

优秀的珠宝设计师本身应该就是一位艺术家，他该具有开启人们对美的想象的能力。——黄湘民

在人类自身、自然界和人工制造的各种产品中，形成由一定的色彩、线条、形体所构成的美。在审美发展过程中，形成了一定审美格式，成为美的规律。珠宝首饰的美学包括三个方面：工艺美、自然美、形式美。珠宝首饰制作所呈现的是工艺美，珠宝首饰材质所呈现的是自然美，而珠宝首饰的造型设计上则体现的是形式美。形式美是自然、社会和艺术中各种感性因素有规律的组合所呈现出来的一种审美的特征。

美在客观上说，是注重美的自然属性。通过研究发现，有重复、调和、对称、平衡、对比、统一等美的造型法则。本章为大家展现珠宝设计的基本造型法则，主要有以下几个方面。

珠宝设计的一些基本法则

重复

重复是由一个或几个相同的形状设计组成，定义它为“基本形”，把它当作一个单位作连续性有秩序的重复排列。如建筑物中的窗与柱，地板上的磁砖，线形织物上的纹样等。重复给人一种和谐、安静的感觉，但看久了会让人觉得呆板，所以在方向和空间上如稍微加些变化，就可破除呆板印象，从而获得律动的效果。

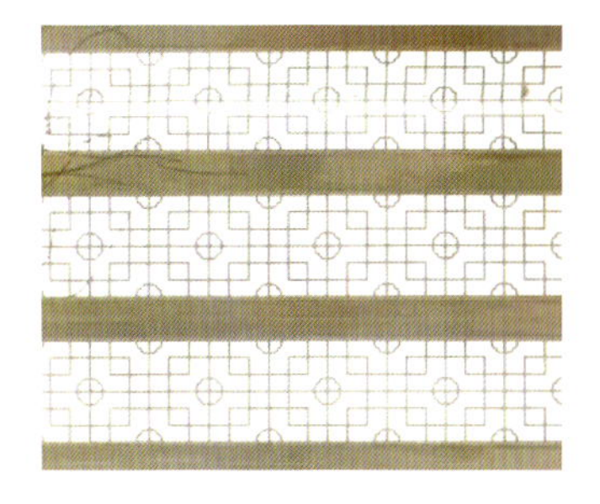

有规律、有秩序重复排列的屏风图案

一组相同形象重复构成的手链

调和

调和即将不同的要素结合，经过精心设计排列之后，产生具有秩序的现象。比如将不同种类的花经过精心的设计摆放后，彼此间相互融合。水果摊堆叠的同类水果，若为增强美感以一种整体性的视野来看，由统一而得以调和，以此可满足对秩序欲求潜在的心理。

不同种类的花摆放在一起——异质性调和

堆叠的橙子——近似共通性调和

由不同元素组合成有秩序的手链产生的调和

对称

对称表达的是一种秩序、稳定、威严等心理感受，并能给人美感，像宫殿、庙宇等建筑大都采用对称结构。蝴蝶、海豚、鸽子等都是在一条中心轴线上左右对称，这称为线性对称；由环形图样行成对称为中心点对称。对称在珠宝首饰设计中运用最为广泛。

线对称的美

点对称的美

平衡

根据物体的大小、轻重、色彩等作用于视觉上可达到一种平衡。平衡有两种表现形式：一种是对称平衡，就是以一条对称轴为中心的对称形成，具有单纯明了的特征，另一种则是不对称平衡，以视觉感受的形、色、肌理等造型元素，在其布置上，各构成要素之间保持视觉上的平衡，破除呆板的艺术效果，所以平衡有活泼、生动、和谐、优美之韵味。

中心点对称产生的平衡美

不对称产生的平衡美

对比

对比就是使一些可相互比较的成分的对立特征更加强烈。对比的现象无处不在，如高山与丘壑、群星与明月、黑暗与光明、远与近、大与小、软与硬等。用相反的对象作比较，则会产生一种大者愈大，小者愈小的感受，使得相异的地方趋于更明显，它刺激着审美的视觉，因而产生更多趣味。对比运用在珠宝首饰设计之中，更能突显重点，使主体更加鲜明。

明暗的对比

大小的对比

律动

海螺上旋转的螺线，让人感觉有一种反复运动的律动感。律动也可以是渐变的体现，物体由于远近的关系，产生大小的错觉，如铁轨、公路两旁的电线杆等，这种近大远小的变化，使设计的作品显现出有规律的节奏美感，具有开阔的艺术表现力。

铁轨近大远小有规律渐变的律动

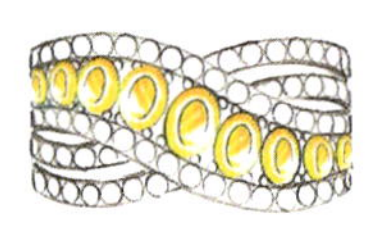

椭圆形宝石由中间向两边逐渐缩小产生的律动

海螺旋转的螺线给人一种有规律的律动

水滴形宝石产生大小有规律渐变产生的律动

放射

放射是一种以中心为主构成的图案，是自然界中常见的现象。比如盛开的花朵、绽放的烟花、雪花、海星等，都是有趣、漂亮的放射图案，它们具有强烈的视觉效果，以反复的基本形状环绕着一个共同的中心。依照渐变的模式排列出来，能够设计出简约而不简单的作品。

盛开的花呈现出放射的效果

由中间圆形宝石向外放射

蒲公英由中间向外呈现出放射的形状

由橙色的水滴形主石向四周扩散呈现放射的效果

断续的蜘蛛网在中心焦点构成统一

变化统一

将基本形经过适当的编排设计，形成一种疏密的节奏感。例如同一个方向，运动着不同的鱼群，形成统一。结合要素相同的图形属于静态的统一，部分基本形作渐变则构成动态的统一。

统一体现了各种事物的共性。首饰的造型可以不断变化，但需保持内容与形式上的统一，做到乱中有序，序中有乱。

造型的设计法则各有优点，既能单独一个精巧的运用，设计出惊艳的作品，也可以将以上的法则作混合的搭配，做出合理的调整、精心的编排，设计出独具匠心的作品。

思考练习

运用珠宝设计的基本法则进行一些设计练习。

第20章 设计造型

学习目标：通过本章的学习，读者可了解到

1. 造型元素的运用
2. 视觉错觉的运用

珠宝设计就是着重于点、线、面的灵活运用，把作品营造出艺术的美感。——黄湘民

珠宝首饰设计造型的元素是以视觉为基础，用造型来传达设计师的思想，比起听觉或者文字更能直接表达设计师的想法。平常说话脱口而出，词汇就是语言的构成元素。相对而言造型元素的词汇就是各种图形，要把图形构成训练得像讲话一般顺溜，就要先对造形元素作一番了解练习，这将会对以后设计大有帮助。而在造型艺术的构成中，可将元素分为概念性的元素和视觉性的元素。

一、造型元素的运用

将概念性元素列举为点、线、方向、空间；视觉性元素列举为形、肌理，下面一一分析各种元素的一些特点。

点

点的概念

点是造型艺术中最小的构成要素，它一般用来表示位置，既无长度，也无宽度，不表示面积、形状。在自然界，海边的沙石是点，落在玻璃窗上的雨滴是点，夜幕中满天繁星是点，空气中的尘埃也是点。

点的构成

点可分为规则的点和不规则的点两大类。其中规则的点是指有序的圆点、方点、三角点等；这类点的构成往往以规律化的形式排列，或者重复、或者有序的渐变等，产生层次细腻的空间感。

规则的点

规则点作有序的渐变排列

规则点重复有序排列构成的珠宝形态

规则点错序的排列，点有大小的变化，使戒指乱中有序，变化丰富

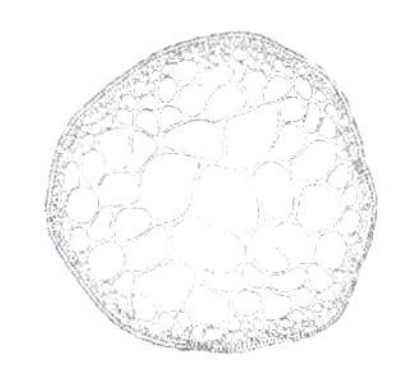

不规则点的自由排列构成珠宝的形态

叶子上不规则的水珠好比一个个灵动的点，增加了几分生命的气息

不规则的点是指那些自由随意的点，通常以自由、非规律性的形式排列构成，比如天空中闪烁的繁星。

不规则点的自由排列变化构成的珠宝形态

由一个个不规则的点自由的排列，犹如生命的源泉不断的向前奔涌

点的视觉效果

由于点所处的位置、色彩以及外界环境的变化而产生大小、远近、空间错落等视觉效果。随着其面积的增大，点的感觉也将会减弱。如在高空中俯视街道上的行人，便有“点”的感觉，而当我们回到地面，“点”的感觉也就消失了。

由于点大小不同，大的点常吸引人的眼球，产生大小不同的视觉效果

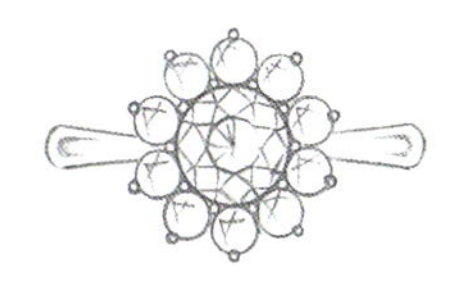

由大小不同的点集中于大点周围的视觉效果，形成一个整体的面，小钻石围绕着大钻石，更突显出大钻石的华丽闪耀

小宝石错乱排列围绕着大的椭圆形宝石，使人产生椭圆形主石面积增大的视觉效果

线

线的概念

线是点移动的轨迹，又是面运动的起点，在形态造型中，具有长度、形状。

线的构成

基本的线形是直线和曲线，其中直线可分为水平线、垂直线和斜线；曲线可分为几何曲线和自由曲线。线在平面的构成中有着非常重要的作用。

整片羽毛由粗细、长短不一的线条构成，生机感强

苍翠幽深的竹林，由一根根直入云霄、高耸的翠竹构成，深邃而幽远

羽毛胸针由粗细不一的曲线构成，曲线形态变化丰富，使整片羽毛胸针灵动而轻柔

线的视觉效果

在空间上线具有方向性、分割性和显著的长度等特点，不同的线带有不同的感情色彩和视觉效果。

直线：给人的感觉刚强、明晰、单纯、稳定，常用来表现男性的阳刚形象。

曲线：曲线的心理为优雅、柔软、高贵，常用来表现女性的柔和美。曲线是由于直线受外界压力发生形变而形成的，能给人丰满、柔软、欢快、轻盈的感觉。

粗线：形态厚重、豪放有力，给人紧张感，但使人印象深刻。

细线：给人纤细、轻松、精致、敏锐的感觉。

长线：具有持续、时间感。

短线：具有断续、迟缓和动感特性。

一切设计的草图，线条都是最直接的造型要素。在设计过程中，灵活地运用线条的错觉，可使画面产生意想不到的效果。

多数等距的线条给人平面的感觉

树木犹如那一条条竖直的线，粗细相间，颜色有轻有重，整齐错落，产生一种远近、大小的空间感

运用直线长短均匀地排列，给人一种立体延伸的空间感

面

面的概念

面由线的连续移动所构成的，密集的点同样也能形成面，面有着丰富的形态，在形态造型中，具有大小、形状、色彩、肌理等特点。

面的构成

面的种类很多，有规则面和不规则面两大类，圆形和正方形是最典型的规则面。规则面给人简洁、明了、安全有序的感觉；不规则的面外形自由，具有柔软、轻松、生动的特征。大体上按照特征可分为以下几种。

几何形：也称无机形，是数学的构成方式，具有数学理性的简洁、明快、冷静和秩序感的特点。

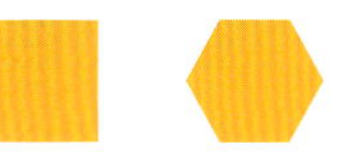   

几何形的面

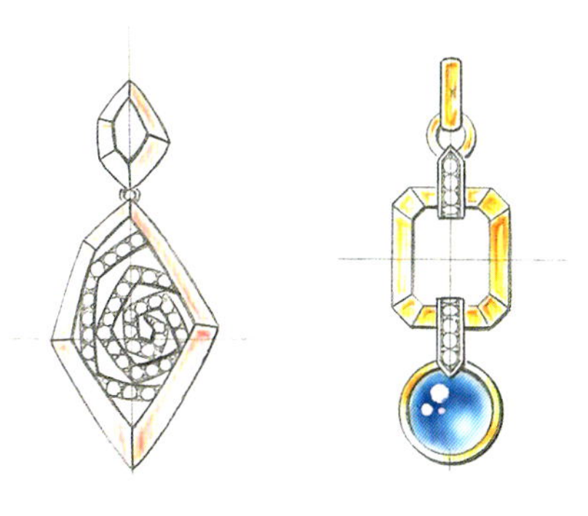

由几何形构成的珠宝形态，简洁大方

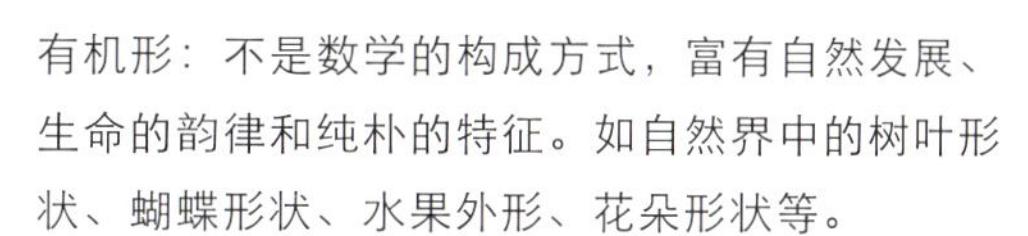

有机形：不是数学的构成方式，富有自然发展、生命的韵律和纯朴的特征。如自然界中的树叶形状、蝴蝶形状、水果外形、花朵形状等。

有机形构成的面

有机形构成的枫叶胸针，仿若一只美丽的红蝴蝶，从树上飘落，纷纷扬扬，似一幅美丽的画卷

有机形构成的胸针，宛若清晨的露珠在荷叶上嬉戏游玩

不规则形：由直线和曲线不遵循数学方式人为创造的形态，可随意地运用各种自由的、徒手的线形构成造型，具有很强的造型特征和鲜明的个性。

不规则的形态

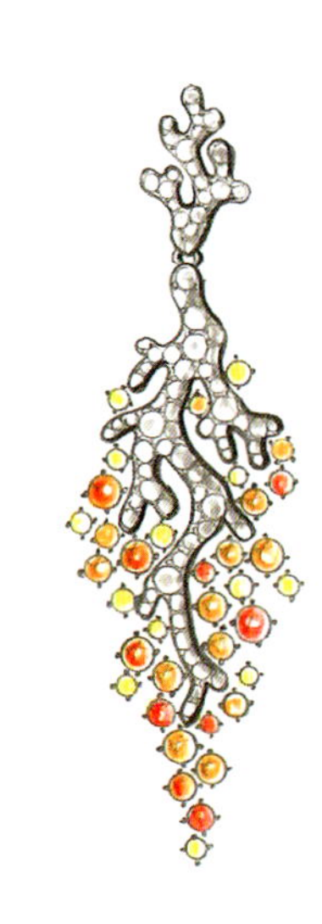

不规则自由构成的珠宝形态，随性自由，个性鲜明

总结点、线、面的关系

点动成线，线动成面，面动成体，而立体的形是由视觉方向以及角度的不同而形成，立体形在平面上纯是幻觉的表现。

点与面是比较而形成的，同样一个点，如果布满整个或大面积的平面，它就形成了面。

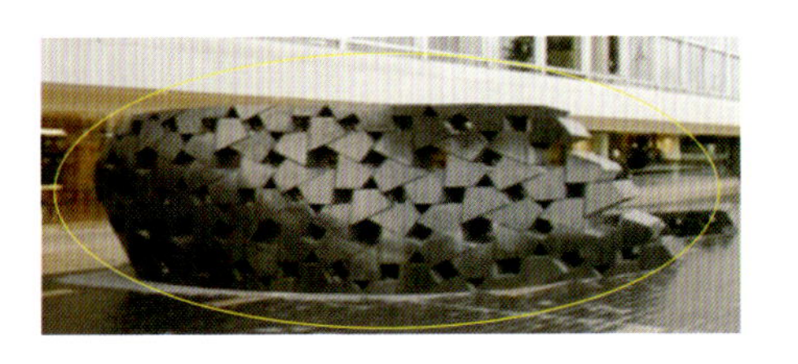

每一块单体都可以看做是一个点，无数个“点”又通过一定的组合形成块面

一个个小点构成一个面，不规则的点大小的变化，能使整个面丰富紧凑

点与点之间连接形成线，或者点沿着一定方向规律性地延伸可以成为线，线强调方向和外形。如果在一个平面中多次出现，就可以理解为点。

大小不一的珍珠和圆形的宝石为一个个点，呈现放射排列的线，犹如怒放的生命

点串连形成一条条优美灵动的曲线，简约时尚

清晨蛛网上的露珠好比一个个圆点，形成一道道优美的曲线

平面上三个以上点的连接可以形成面，同时，平面上线的封闭可以形成面，面强调形状和面积。

每个座位都是一个红色的点，一定数量的点沿着同一个方向延伸排列，形成一条条线，线的延伸排列形成红色块面

玫瑰花胸针由充满浪漫的红宝石排列镶嵌，形成一条条优美的弧线，而这些线的延伸排列形成一个个面，层层的花瓣绽放，似那芭蕾舞者随旋律而动的舞裙

每一种宝石颜色排列镶嵌形成线，线的延伸排列形成面，造型生动形象

肌理

肌理就如同皮肤。任何事物皆有表面，表面各有特征。肌理可使设计更具趣味性和识别度。触觉肌理在表面凸出或凹陷，接近立体性的浮雕，设计师刻意地编排、改造而形成新的肌理。一般设计使用的肌理形态，可分为下列几种。

自然肌理：直接呈现物料自然的外貌，肌理浑然天成，例如西瓜皮、树的年轮、鱼鳞等的肌理形态。

由自然肌理树纹设计的珠宝形态

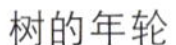

树的年轮

沙漠的沙丘

荷叶的肌理

人工肌理：材料经过刻意设计制成新的物料，原来的肌理还在，但已不再是视觉的主要肌理。例如编织的花篮、布料等，制造合成为新的肌理。

由再生纺织材料肌理设计的珠宝形态

麻布的肌理

竹子的编织

堆砌的砖头

组织肌理：以细小的或杂碎的物料作为组织单位，刻意地或无意地加以排列组织成新的肌理。例如排列的小石子、无意散落的螺丝等。

由组织肌理错乱排列的小石子设计的珠宝形态

堆叠的木材

沙滩上的鹅卵石

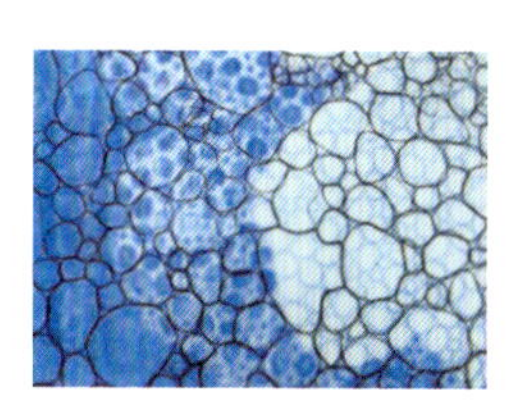

水池的肌理

空间

可从各个不同的角度观看所产生的空间感，其中个体与环境之间可产生不同的空间关系，以造形元素来区分，有以下几项。

正与负的空间：通常我们觉得形象是占据空间的，并认为它是正的，包围正的形象是负的空间，常称为背景。善加运用正负空间，设计也会因此妙趣横生。

占据中间位置的是正形象，包围正形象的是负形象

当注意力集中就成为正形象，看黑的部分时它是一个杯子，看白的部分时它是两个对视的侧脸

平面性空间：形象位于画面上没有厚度，所以并没有前后与远近，只有平移的现象。例如两个四叶草其形状大小相同，对比发现它们空间的变化有以下几种情况：相离、相切、联合、合并、减缺、相交，如右图所示。

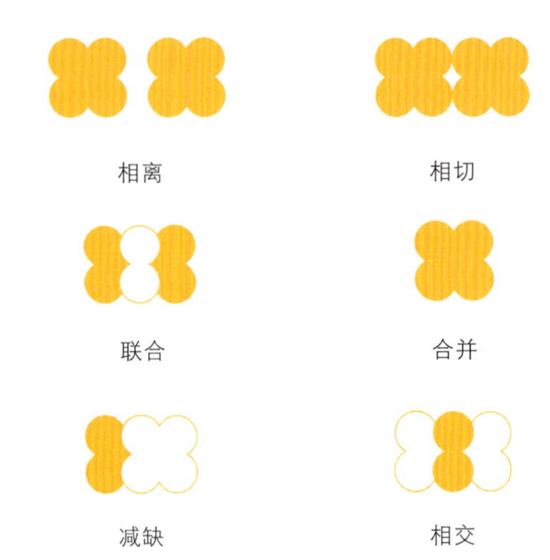

三维空间：当形象不与画面平行时，或前或后，即产生了三维的空间，画面上有了远近的距离感，有各种的投影技法，能够表达体积与距离的幻觉，富有真实感。如果把平面的形加上厚度，这类形在三维的空间上，就会出现下列几种情形，如右图所示。

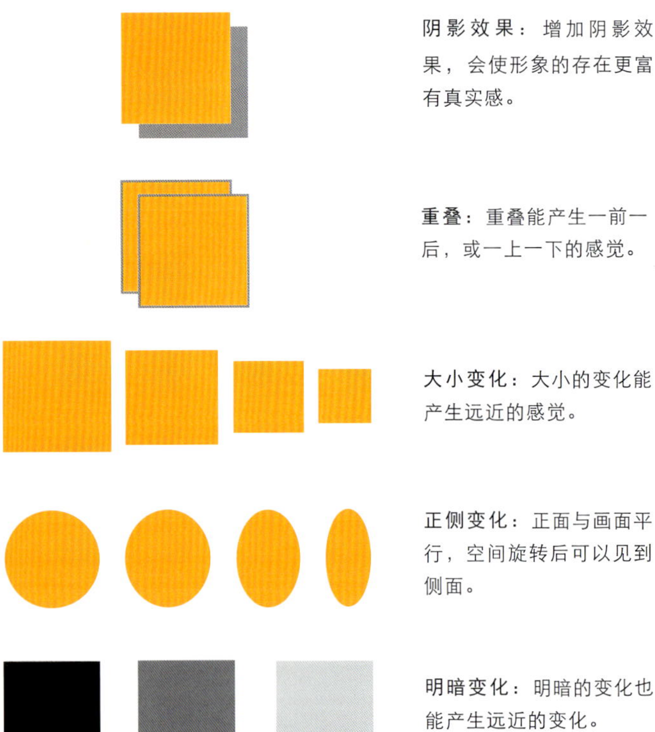

肌理变化：肌理大块和纤细变化产生远近的感觉。

二、视觉错觉

错觉现象就像一位魔法师，使人不知不觉地掉入它的魔障。所谓错觉，就是感觉与客观事实不一致的现象。比如一千克的羽毛和一千克的石头，给人感觉羽毛比较轻。人们常说，眼见为实，但是事实不全然如此，线条、形状、空间都有可能造成错觉。把视觉错觉运用在设计中，其效果更令人惊奇。

对于错觉的解释，为了更清楚的表达，故用图例来说明。

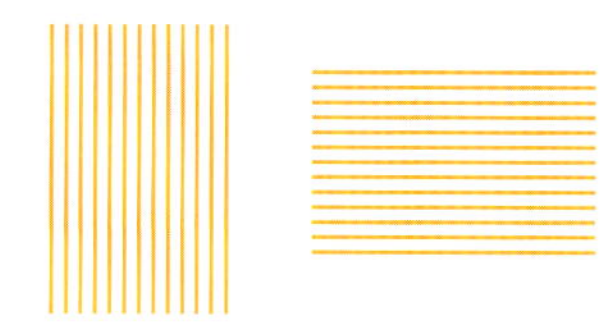

一般垂直于水平的线引导着视线移动的方向。等间距的垂直线，有着垂直的张力，而水平等间距的线却有着水平的张力。

如左图水平线段A和B，但是错觉却是B线段较长，事实上两条水平线段是等长的。

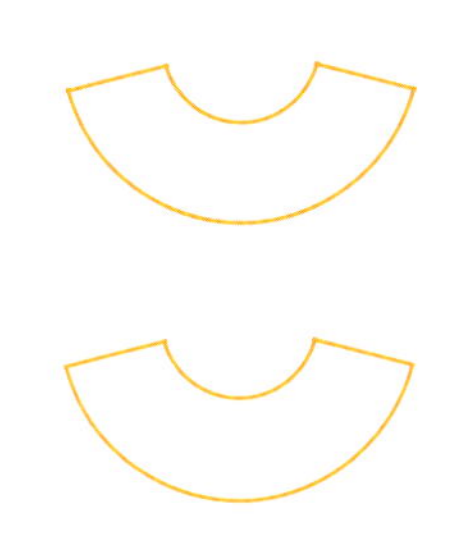

两个相同大小的扇面，其中之一的内弧对着另一个的外弧，因为错觉，就有大小的差别，位于上面的形状看起来比下面的大。

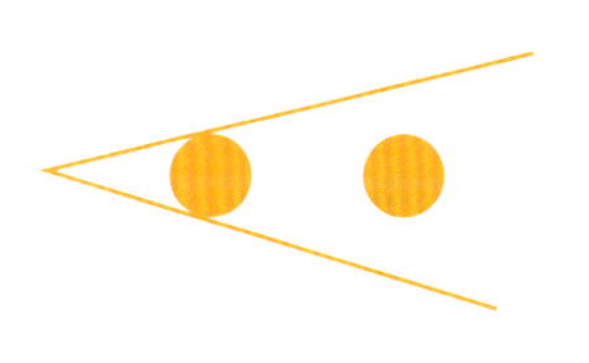

同样大小的形状，由于受到一个角线的影响而产生大小差别现象，靠近角的圆形显得比离角远的圆大。角越小，错觉越容易产生。

同样大小的形状，由于周围环境的影响而产生明显的大小差异，周围的物体小，则衬托着主体大，反之周围的东西大，则显得主体小。在设计中，常会在主石周边运用配石，这样衬托出主石更大、更耀眼。

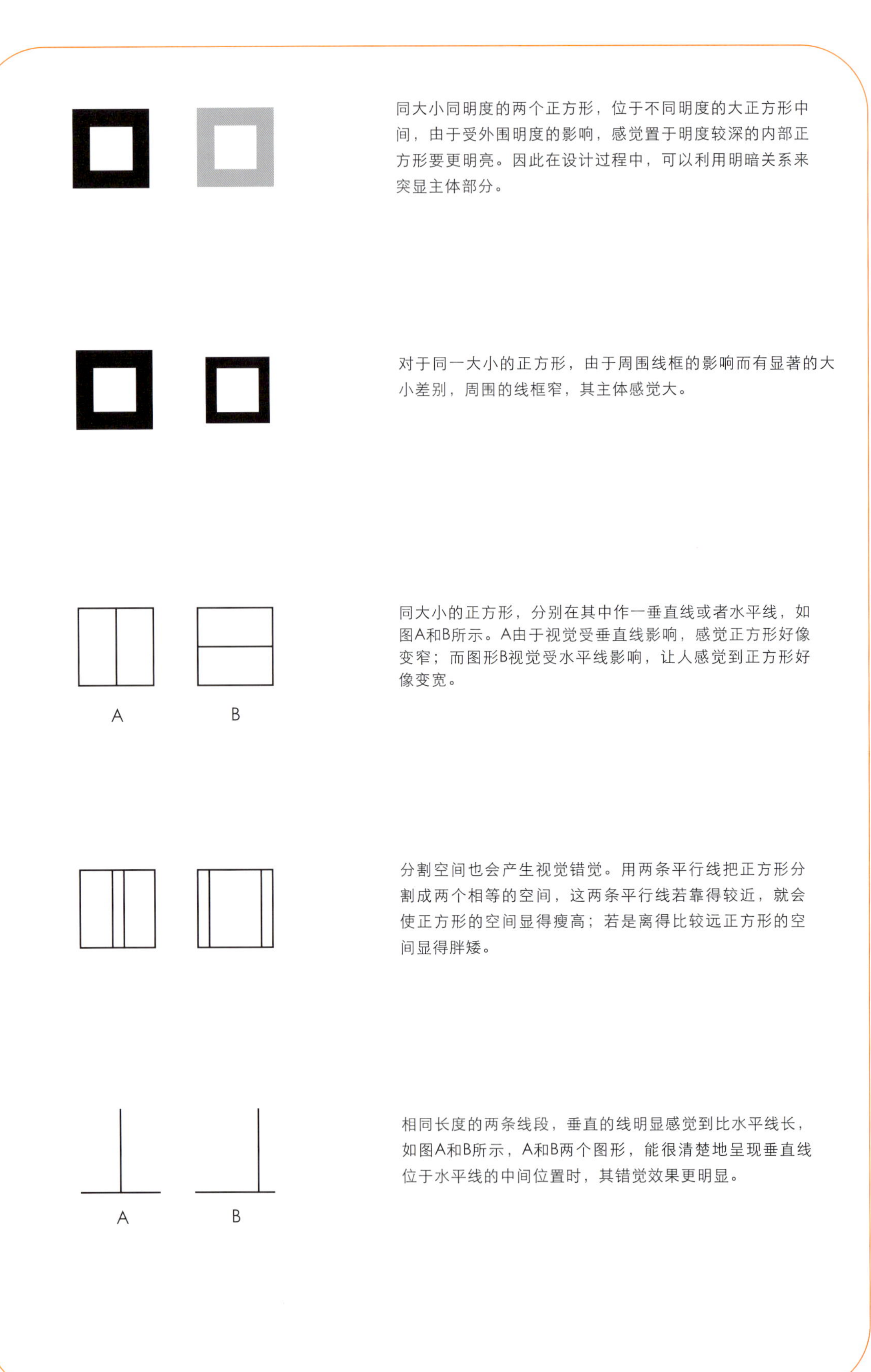

同大小同明度的两个正方形，位于不同明度的大正方形中间，由于受外围明度的影响，感觉置于明度较深的内部正方形要更明亮。因此在设计过程中，可以利用明暗关系来突显主体部分。

对于同一大小的正方形，由于周围线框的影响而有显著的大小差别，周围的线框窄，其主体感觉大。

同大小的正方形，分别在其中作一垂直线或者水平线，如图A和B所示。A由于视觉受垂直线影响，感觉正方形好像变窄；而图形B视觉受水平线影响，让人感觉到正方形好像变宽。

分割空间也会产生视觉错觉。用两条平行线把正方形分割成两个相等的空间，这两条平行线若靠得较近，就会使正方形的空间显得瘦高；若是离得比较远正方形的空间显得胖矮。

相同长度的两条线段，垂直的线明显感觉到比水平线长，如图A和B所示，A和B两个图形，能很清楚地呈现垂直线位于水平线的中间位置时，其错觉效果更明显。

三、视觉错视的运用

百货橱窗里的时装，款款高雅大方，令人心动，但是否穿在每个人身上都会有像在橱窗里那样的效果呢？事实不然，每个人都有自我特色，有些需要彰显，而有些需要遮盖。珠宝首饰也是如此，一件高尚华贵的珠宝，配戴不得体反而会影响配戴者的风采。合适地配戴珠宝，即使珠宝本身不太亮眼甚至于有些简朴，也能获得令人耳目一新的效果。

合适的配戴珠宝首饰不单是使用者的事，珠宝设计师也应视其为服务内容，必须深入了解。一件珠宝首饰不论是项链、耳环、戒指等很容易成为别人视线中的焦点，珠宝首饰的造形，它们在不知不觉中引导着我们的眼睛，而错觉也会在其中发生作用，设计师应善用这些原理来帮配戴者扬长避短。

思考练习

找一些珠宝首饰判别其运用了哪些设计造形原理并做一些设计练习。

第21章 套装珠宝设计

学习目的：通过本章的学习，读者可掌握的知识有

1. 套装珠宝的设计原理
2. 套装珠宝的构图及分布
3. 套装珠宝的设计练习

伟大的作品，不是靠力量而是靠灵感和坚持完成的。——黄湘民

套装珠宝的地位近年来得到了很大的提升，受到了越来越多人的追捧和青睐，这些别具匠心的创意，更具新意、独特，更加符合现代人追求独特个性的心理。套装珠宝的设计通常由同色同料、造型格调一致的项链或者吊坠、耳环、戒指、手链等相配而成。套装珠宝的主件一般为项链或者吊坠。套装珠宝配色要协调，给人的印象要整齐、和谐、统一。在隆重的场合，很多女性选择佩戴套装珠宝。

一、套装珠宝的设计原理

珠宝首饰设计作为一门综合性的艺术表现方式，在设计的过程中，除了要考虑宝石及珠宝首饰造型所具有的特殊内涵外，还应设计出适合市场适合佩戴、符合生产的珠宝首饰，如佩戴者的年龄层次、职业、服装的搭配等，都是设计师在设计的过程中需要调查和考虑的问题。近年来，套装珠宝开始流行，因此在设计时应该多在套装珠宝上下一番功夫。套装珠宝一般要求3件或者3件以上，套装珠宝应具备以下几个条件。

（1）配色基本相同；

（2）采用相同的材质制作；

（3）设计元素基本相同，价格统一；

（4）造型格调一致，相互呼应成一个整体；

（5）使用的工艺相同，如镶法、金属表面肌理处理等。

二、套装珠宝的构图及分布

在套装珠宝的构图及分布中，要主次分明。构图协调统一，才显得丰满且富有变化，项链或者吊坠一般为套装的主件，应该摆放在重要的位置，突出主题。

三、套装珠宝的设计练习

主题：春姿

根据主题设计套装珠宝，要求作品思想纯正，富有创造力和表现力，表达春天之美，用珠宝设计的元素，演绎诗情画意的春天。

要求：

（1）充分表现设计主题，创意思想前卫，表现力强；造型美感，形神兼备；设计风格明晰。设计作品具备较强的整体感和审美感，作品主题和设计语言具备较强的穿透力和感染力。

（2）注重设计与工艺的结合，注重中西珠宝设计文化的结合。

（3）设计作品材质不限，但建议选用钻石最大不宜超过1克拉。

（4）设计作品的整体风格简约、时尚、现代，具有创新性、实用性，要有可制作性和可佩戴性，注重商业与艺术的结合。

（为唐山市瑞琳珠宝提供专属设计）

套装珠宝设计欣赏

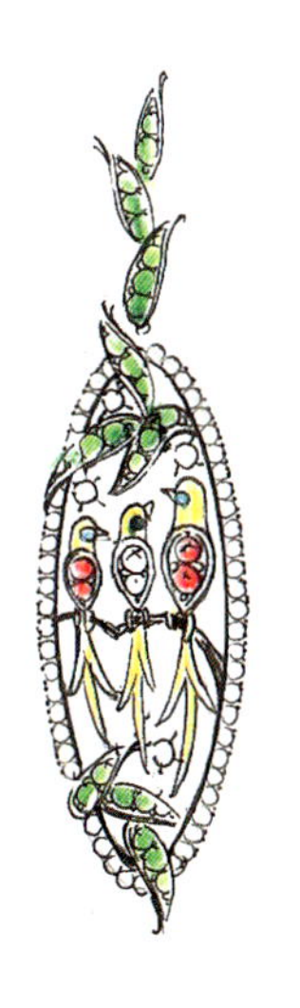

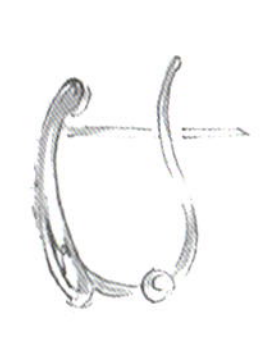

思考练习

当下流行的套装珠宝主题有哪些？尝试做一些主题套装珠宝的设计练习。

第22章 珠宝色彩的搭配

学习目标：通过本章的学习，读者可掌握的珠宝色彩知识有

1. 色彩的构成
2. 色彩的情感
3. 色彩的心理特征
4. 珠宝设计的配色原则

泥土把美丽的色彩给了花朵，而乐于保持自己的质朴；珠宝设计师把丰富的情感给了作品，而乐于保持平凡。——黄湘民

对于珠宝设计来说，色彩具有非凡的吸引力。色彩是展现设计作品的第一感觉，并且可诱发对设计作品的进一步深入。色彩结合造型，可使整件作品的寓意得到更好地诠释，烘托出特有的情感氛围。因此色彩是设计师传递信息和表达情感不可缺少的角色。设计师熟悉和掌握色彩的运用规律，可创造出令人惊艳的作品。

一、色彩的构成

世界上很多美丽的色彩是无法用颜色来表现，也无法用语言来描述，它给予人类无限的遐想。然而，这丰富多彩的世界却是由无彩色系和有彩色系两大系列组成的。

无彩色系

无彩色系包括黑色、白色及黑白两色相混的各种深浅不同的灰色系列，也称黑白灰系列，黑白灰系是时尚的经典色系。无彩色系里没有色相与纯度，只有明度上的变化。

有彩色系

有彩色系包括可见光谱中的全部色彩，它以红、橙、黄、绿、青、蓝、紫为基本色，通过基本色之间不同比例的混合可形成众多种类的色彩。

色彩的三要素

在千变万化、色彩缤纷的世界中，人们从视觉上感受到的色彩丰富多变，特别是彩色的珠宝，它的魅力更让人无法抗拒。而对于珠宝设计师来说，色彩则是非常重要的设计元素之一。

色彩由色相、明度、纯度三要素构成。

色相：色彩的相貌，是区分色彩的主要依据。

明度：色彩的明亮强度，即颜色的深浅程度。

纯度：颜色的纯粹程度，即颜色的鲜艳程度。

色彩三要素

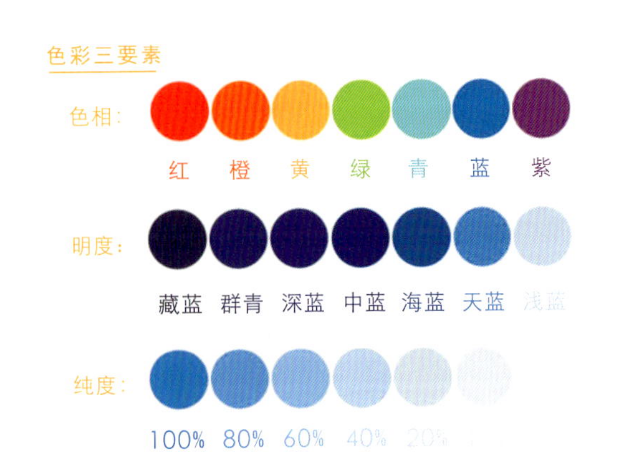

二、色彩的情感

色彩的冷暖感

色彩本身并无冷暖的温度差别表现，只是在视觉上色彩能引起人们对冷暖感觉的心理联想。

暖色：由红色色调组成。当人们见到红、红橙、橙、黄橙、红紫等色后，马上联想到太阳、火焰、热血等物像，产生温暖、热烈、活力等感觉。

冷色：由蓝色色调组成。人们见到蓝、蓝紫、蓝绿等色后，则很容易联想到太空、冰雪、海洋等物像，就会产生寒冷、理智、平静等感觉。

色彩的暖感

色彩的冷感

由暖色调黄色和粉色构成的胸针，给人以热情奔放之感

由冷色调蓝色和蓝绿色渐变色构成的耳环，犹如那平静的大海上翻腾的浪花，给人一种风雨中带来平静的感觉

色彩的轻重感

色彩的轻重感与色彩的明度有关。明度高的色彩使人联想到蓝天、白云、彩霞、棉花、羊毛以及许多花卉等轻柔的物品，产生轻盈、飘浮、上升、敏捷、灵活等感觉。明度低的色彩容易使人联想到钢铁、大理石等沉重的物品，产生沉重、稳定、降落等感觉。

色彩的轻感

色彩的重感

此款花卉造型的耳环，采用明亮的颜色，表现了花的娇嫩欲滴之感，轻柔而芬芳

耳环采用了明度较暗的色彩搭配，深绿色和深紫色的完美碰撞，给人沉稳的感觉

色彩的兴奋与沉静感

在色彩的三要素中，色相是影响兴奋与沉静感最明显的要素。红、橙、黄等鲜艳而明亮的色彩给人以兴奋感，蓝、蓝绿、蓝紫等色彩使人感到沉着、平静。另外纯度影响也很大，高纯度的色彩给人兴奋感，低纯度的色彩给人沉静感。最后是明度，暖色系中高明度、高纯度的色彩给人兴奋感，低明度、低纯度的色彩给人沉静感。

色彩的兴奋感

色彩的沉静感

戒指使用明显的红色、橙色、黄色搭配，再点缀黄绿色，色彩丰富，使人产生兴奋感

戒指整个色调以蓝绿色为主，再搭配低明度的黄色，给人沉着冷静的感觉

色彩的华丽与朴素感

色彩的三要素对华丽感及朴素感都有影响，其中纯度影响最大。明度高、纯度高的色彩，丰富且对比强烈的色彩给人以华丽、辉煌的感觉。明度低、纯度低的色彩，单纯且对比柔弱的色彩给人以质朴、古雅的感觉。

色彩的华丽感

色彩的朴素感

此款花卉造型的戒指，采用了纯度较高的颜色，巧妙地运用红绿色的对比、蓝橙色的对比，大胆而华丽

耳环运用低纯度的色彩搭配，浅黄绿色与淡蓝色的间隔搭配，轻快而典雅

三、色彩的心理特征

红色

红色的纯度高，注目性高，刺激作用大，人们称之为“火与血”的色彩，能增高血压，加速血液循环，对人的心理产生巨大的鼓舞作用。给人热情、活泼、幸福、吉祥、喜气洋洋、引人注目的感觉。

橙色

橙色的刺激作用虽然没有红色大，但它的视觉认知性和注目性也很高，既有红色的热情又有黄色的光明，是人们普遍喜爱的色彩。

黄色

黄色是最为光亮的色彩，在有彩色的纯色中明度最高，给人以光明、迅速、活泼、轻快的感觉。它的明视度很高，比较温和。给人一种沉着、安定、温暖、古香古色之感。

黄绿色

黄绿色是黄色和绿色的中间色，由于在日常生活中黄绿色并不突出，所以易被人们所忽视，有很多色彩心理的研究把黄绿色与绿色合并。给人新鲜、春天、清香、新生、有朝气、欣欣向荣、生命等心理感觉。

绿色

绿色为植物的色彩，其明视度不高，刺激性不大，对生理作用和心理作用都极为温和。给人宁静、自然的感觉，使人精神不易疲劳。

蓝绿色

蓝绿色的明视度及注目性基本与绿色相同，只是具有比绿色显得更冷静、深远、凉爽的心理效果。

蓝色

蓝色的注目性和视觉认知性都不太高，但在自然界如天空、海洋均为蓝色，所占面积相当大。蓝色给人冷静、智慧、理智、简朴、沉思的感觉。

蓝紫色

蓝紫色与黄色的刺激相反，是明度很低的色彩，所以纯度效果显不出力量，注目性较差，明视度必须靠背景的衬托。给人一种崇高、珍贵、梦幻的感觉。

粉色

粉色是充满甜蜜的色彩，象征温柔、甜美、浪漫，不仅可以达到使人放松的效果，还可以使人心情舒畅、容光焕发，它常给人一种温暖甜蜜的感觉。

紫色

紫色因与夜空、阴影相联系，所以富有神秘感。紫色给人高贵、庄严之感，所以女性对紫色的喜好性很高。

紫红色

紫红色的视觉认知性和注目性冷暖程度介于红色和紫色之间，此色的嗜好率很高，对忧郁症、低血压的人有治疗作用，给人大胆、温雅、柔情、甜美的心理感觉。

白色

白色为不含纯度的颜色，除因明度高而感觉冷外基本为中性色，明视度及注目性方面都相当高。由于白色为全色相，能满足视觉的生理要求，与其他色彩混合均能取得很好的效果。白色给人洁白、明快、纯洁、朴素、神圣等感觉。

黑色

黑色为全色相，也是没有纯度的颜色，与白色相比给人温暖的感觉。黑色在心理上是一个很特殊的色，它本身无刺激性，但是与其他色配合能增加刺激。黑色是消极色，与其他色彩配合均能取得很好的效果。黑色给人黑夜、坚硬、沉默、严肃、忠毅等感觉。

灰色

灰色为全色相，也是没有纯度的中性色，完全是一种被动性的颜色，它的视觉认知性、注目性都很低，所以很少单独使用，但灰色很顺从，与其他色彩配合可取得很好的效果。灰色给人平凡、谦虚等感觉。

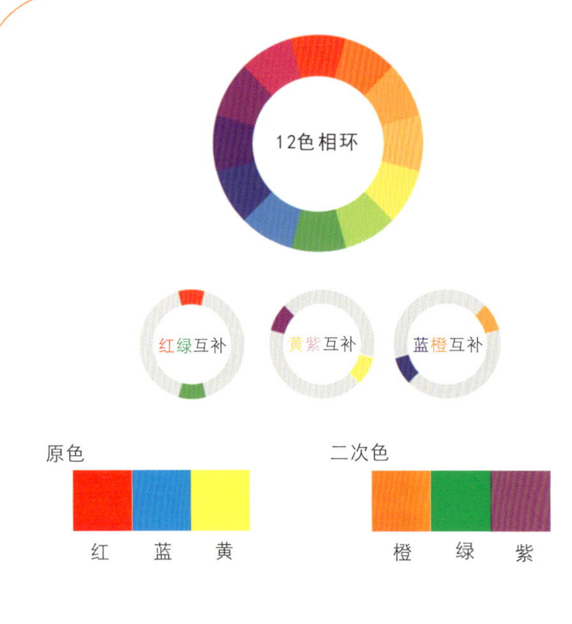

四、珠宝设计的配色原则

在珠宝设计中，为了获得色彩和谐美，通常采用的配色原则有以下几种。

以对比为主的配色

鲜明而不刺激，表现出强烈的视觉对比和平衡效果，充满活泼、有生命力的感觉。对比色又称撞色或互补色，即两种或多种色彩差别较远的颜色相邻。在12色相环中，相隔180° 的色彩称为互补色。

知识拓展：

色相环是由原色、二次色和三次色组合而成。

色相环中的三原色是红、蓝、黄，在环中形成一个等边三角形。

二次色是橙、绿、紫，处在三原色之间，形成另一个等边三角形。

红橙、黄橙、黄绿、蓝绿、蓝紫和红紫六色为三次色，是由原色和二次色混合而成。

红绿互补珠宝表现

蓝橙互补珠宝表现

黄紫互补珠宝表现

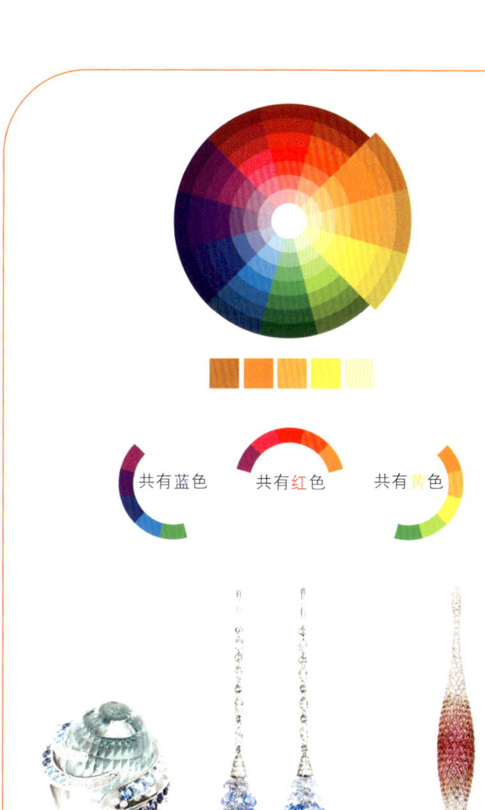

以调和为主的配色

和谐而不含混。调和色又称为类似色，即两种或多种色彩差别较近的颜色相邻。调和色深浅不同的搭配，规律有序，具有渐变性的节奏美感。

共有蓝色调和色珠宝表现　　共有红色调和色珠宝表现　　共有黄色调和色珠宝表现

以消色为主的配色

规律而有节奏。大多数的色彩与黑灰白色是调和的，因此这类配色原则富有节奏韵律，给人一种神秘的延伸空间感。

以消极色为主的珠宝表现

五、色彩搭配的美感

在珠宝的配色中，色彩是否搭配得美，主要看色调是否具有整体美、秩序美和节奏美。

色彩的整体美

即具有统一性的一种色彩搭配原则，它们在色调上保持一致，既自然又和谐。

色彩的秩序美

即色彩的搭配上，按照一定的基准，有阶段、有秩序地发生变化，具有秩序性，使人感到舒适、安心。

色彩的节奏美

即明显带有运动的特征且有规律地出现，有强弱及长短的变化，是秩序性形式美的一种。这样的色彩节奏通常是通过色彩的聚散、重叠、反复、转换等形成，在色彩的变动回旋中形成节奏、韵律的美感。

“海仙女”珠宝首饰，黄色宝石有规律的排序，再搭配上蓝宝石，整体色彩和谐统一，又有节奏的美感

蜻蜓元素再次飞扬，其精妙绝伦的各色宝石的搭配，用淡绿色玉髓做底，闪耀钻石点缀其间，钻石的璀璨纯白与沙弗莱石的青翠欲滴，带来如花园般清新沁脾的美妙气息

思考练习

尝试运用色彩搭配的知识做一些珠宝设计配色练习。

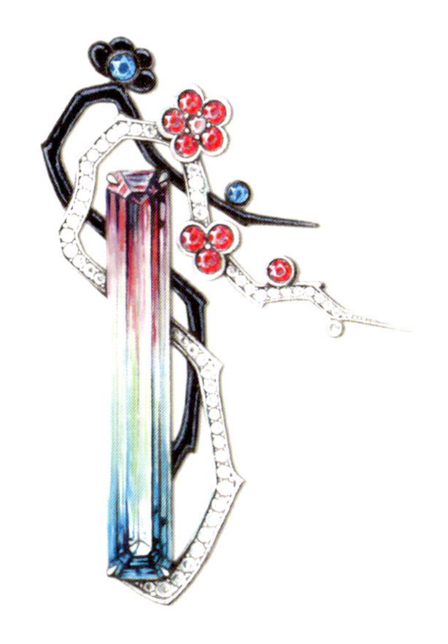

228

第23章 珠宝的排列设计

学习目标：通过本章的学习，读者可学习到的知识有

1. 造型上的方向感
2. 宝石排列设计作图

真正优秀的珠宝设计师，对批评比赞美更有兴趣，对感动人心的甜言蜜语更易满足。——黄湘民

珠宝首饰的款式多样且丰富，然而有一种珠宝的款式从正面看除了宝石的镶爪，见不到其他金属的部分，这种款式设计的特殊性把宝石的华丽高贵完全展现，令人心动目炫。在前面的章节中学习了一些常用的宝石形状，同时也学习了常用宝石形状的画法，因此可以运用前面所学的知识，将这些形状再加上大小的变化，高低的调整，作一番排列组合，可以创作出更多精妙的作品。

一、造形上的方向感

宝石外形固有的视觉方向，影响着视觉延伸的方向，如左图所示正方形、圆形、三角形的动感较少，是形态做对称性的辐射，因而这些形态就显得较安静，缺乏方向。

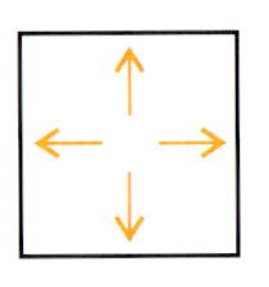
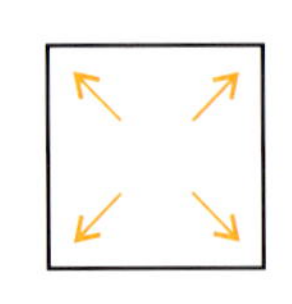

正方形的力线往四边方向展开或往对角方向运动

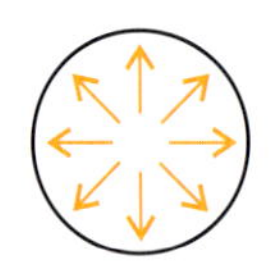

圆形的力线向任何方向辐射

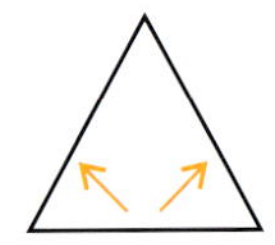
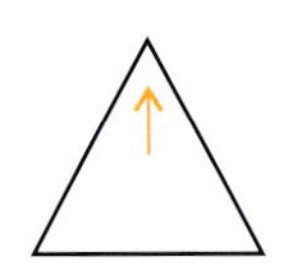

等腰三角形有一边呈水平时其运动向两条斜边辐射或向顶角方向运动

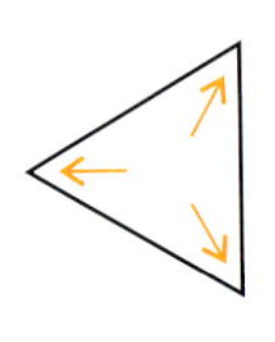
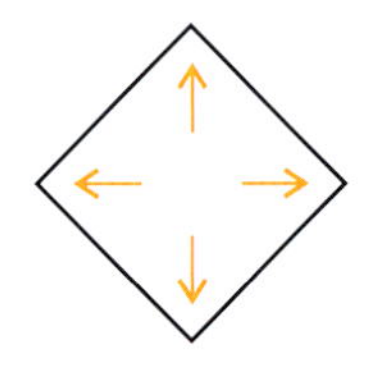
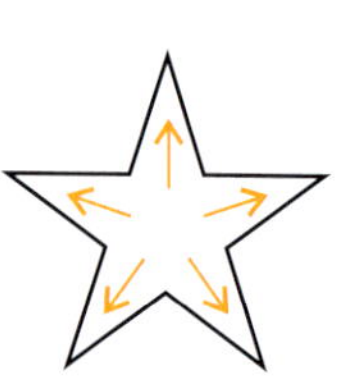

三角形及正方形等，若用尖点站立时，其运动的方向都朝着角尖做对称辐射

形态本身具有运动感，如下图所示，马眼形、梨形随着其瘦长的方向运动感就显示出来。

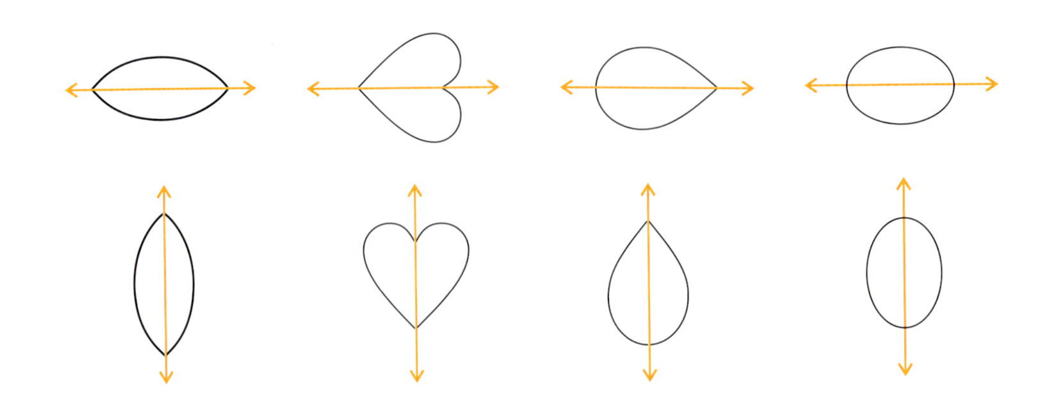

二、宝石排列设计作图

宝石外形尺寸辅助设计作图

下图是宝石的外形图，为了描图作业方便可将其复印下来，用胶膜覆盖使用。宝石外形图上的数字表示它的尺寸，位于两数之间的宝石则表示其大小在二者之间。

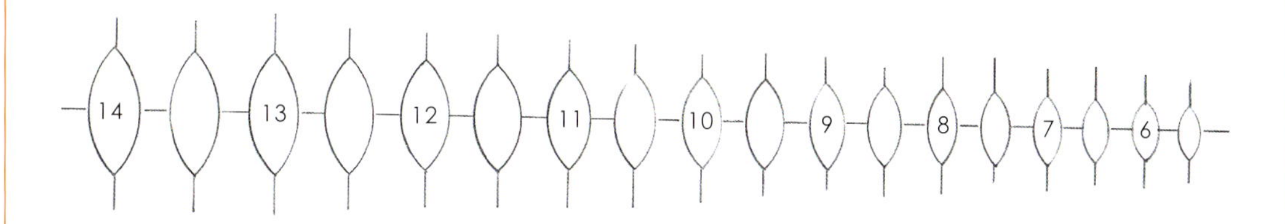

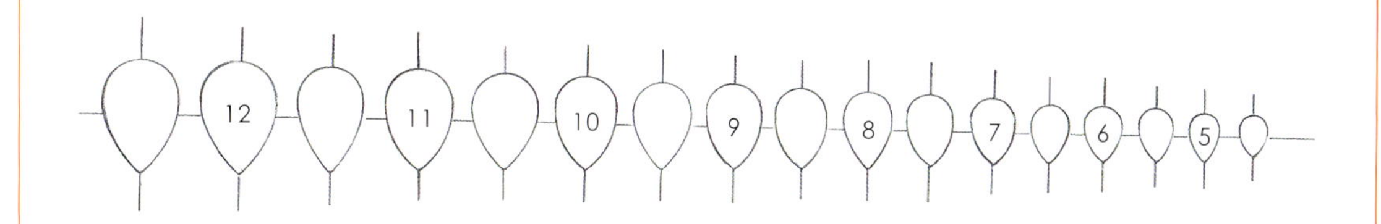

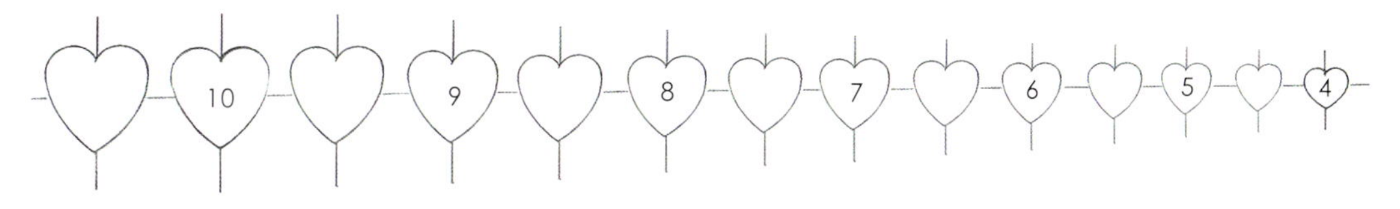

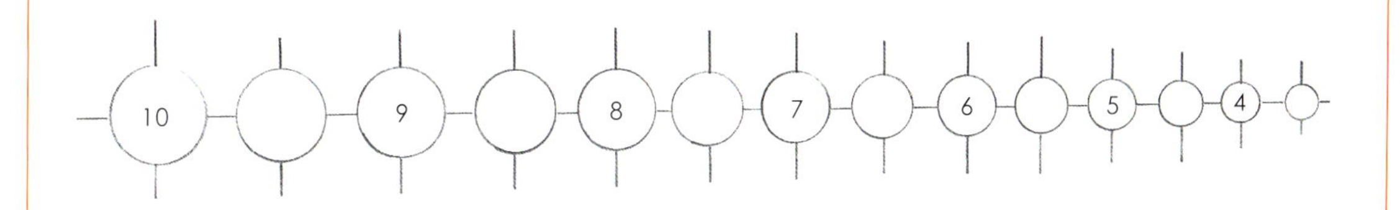

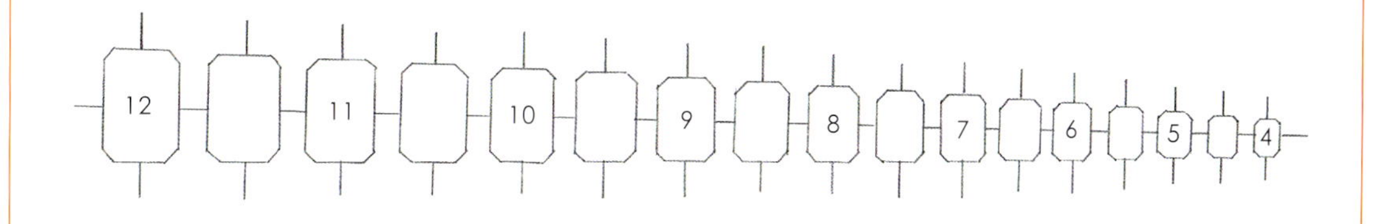

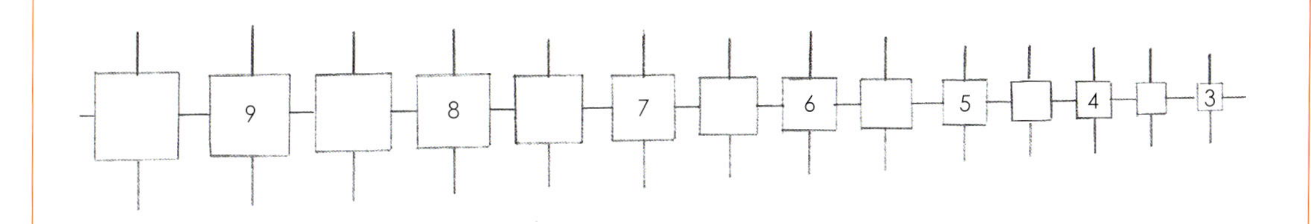

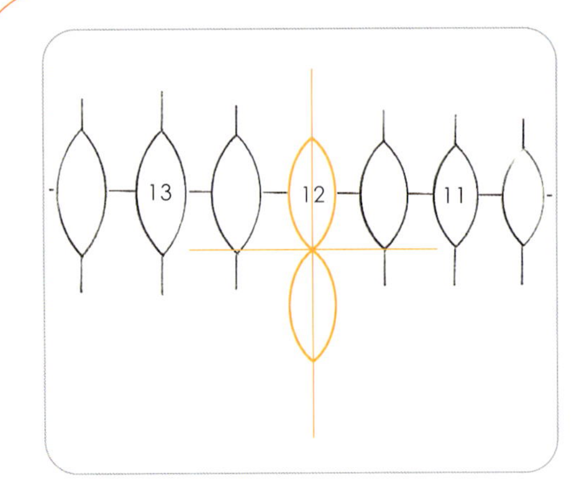

1 取一张图纸画十字定线。

2 选择需要的宝石形状大小，然后使用灯箱（没有珠宝专用灯箱可换用半透明的纸张代替），将纸张覆盖在宝石外形图上，注意宝石形状要位于十字定线上，描绘出宝石的形状。

3 旋转纸张，在另外一条轴线上对齐宝石形状，画出宝石。

4 描绘宝石形状时，借助宝石模板，可使线条更流畅。

中心辐射排列设计作图

夹角90°的排列设计作图步骤

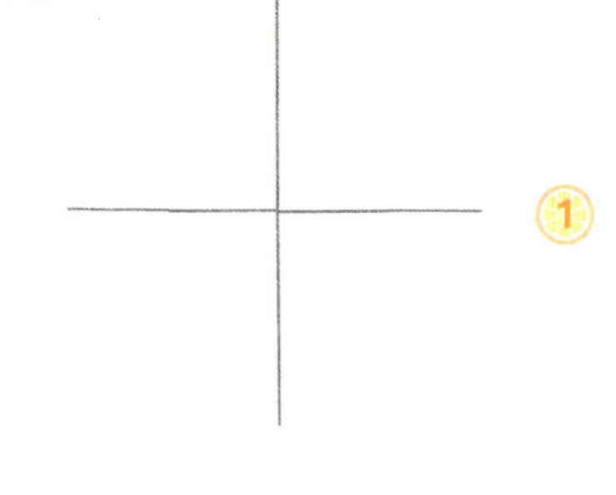

1 画出十字定线做辅助，一般辅助线的夹角越小，宝石排列就越紧密，因此在画辅助线的时候根据需要来决定。

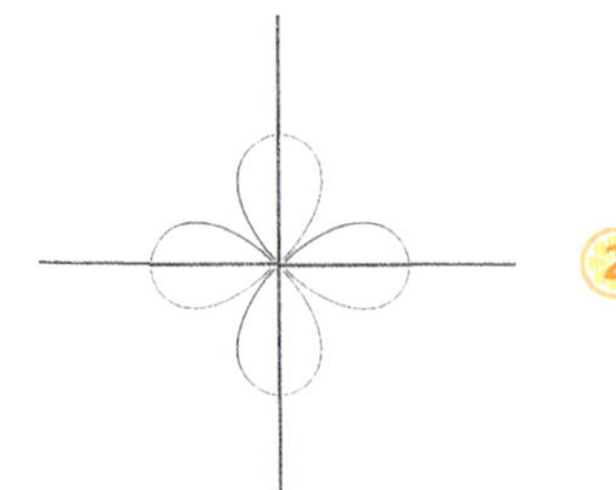

2 在灯箱上将图纸盖在宝石外形图上描绘出所需宝石的形状和大小，描绘宝石形状时注意垂直十字定线需要对齐宝石的中轴线。

夹角45°的排列设计作图步骤

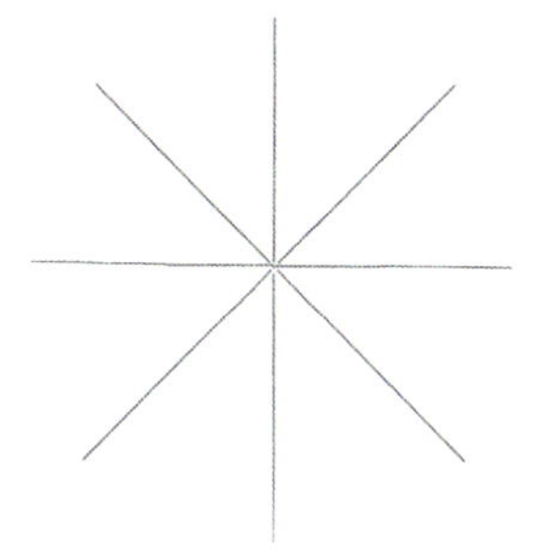

1 画出夹角为45°的辅助线。

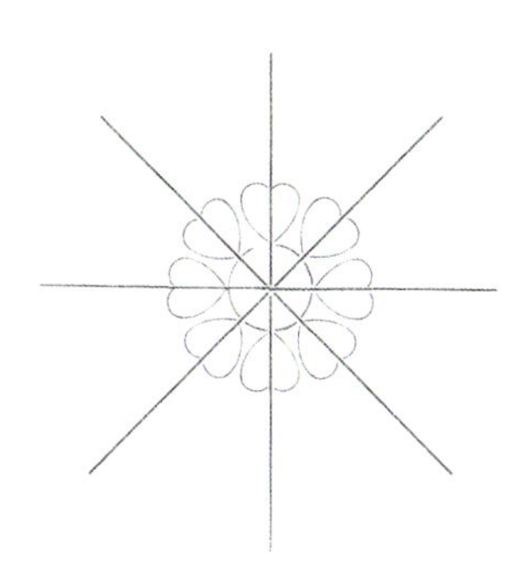

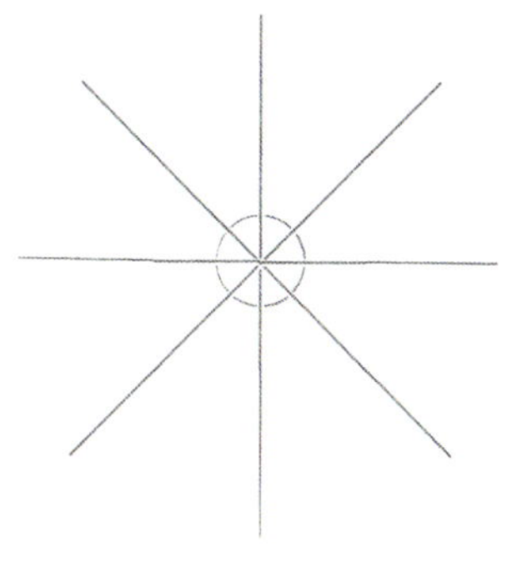

2 在45°夹角辅助线的中间用圆形模板画出一个圆形宝石作为主石。

3 在圆形宝石的外围依据辅助线依次画出所需宝石形状的大小，宝石的形状大小也可做一些大小变化的排列。

夹角30°的排列设计作图步骤

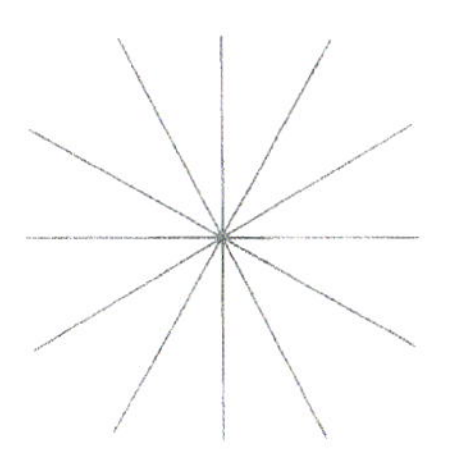

1 画出夹角为30°的辅助线。

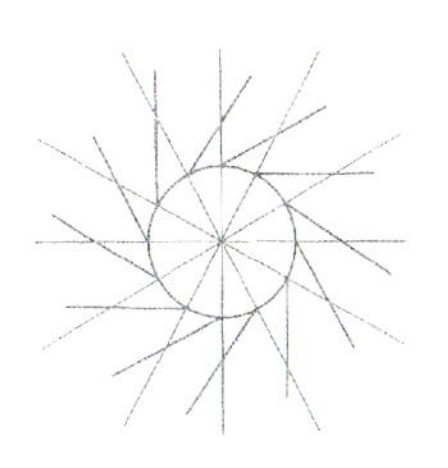

2 用圆形模板画出一个圆形的宝石作为主石，然后画出圆与辅助线交点处的切线。宝石排列还可以做一些角度变化增添旋转效果。

3 用宝石外形图，在切线上画出所需宝石大小的形状。

中心辐射轴线宝石排列设计图例

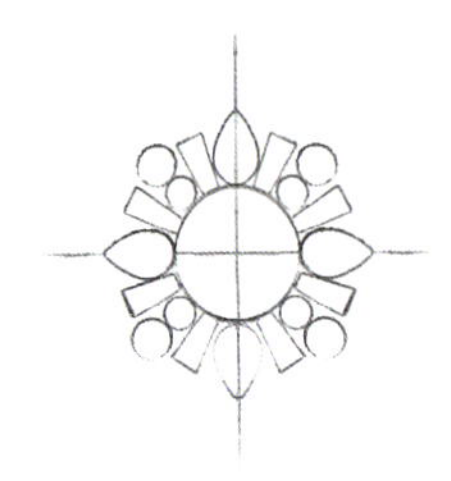

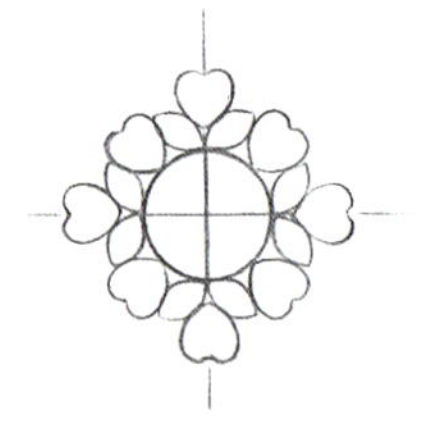

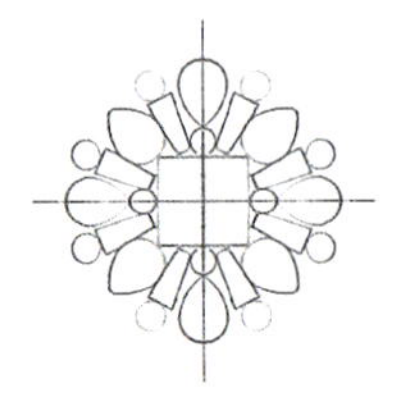

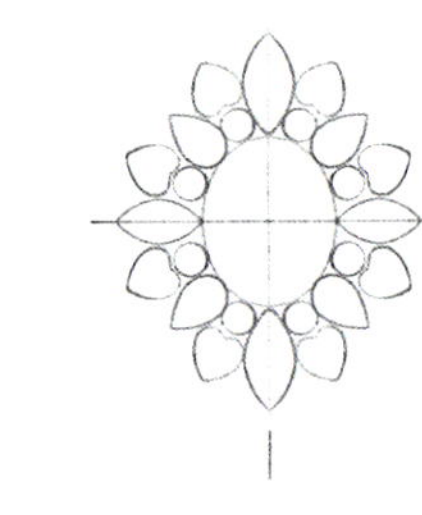

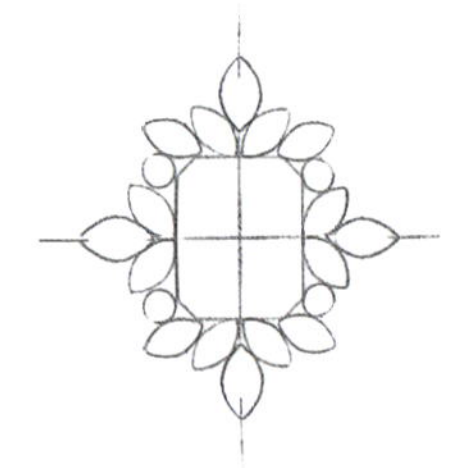

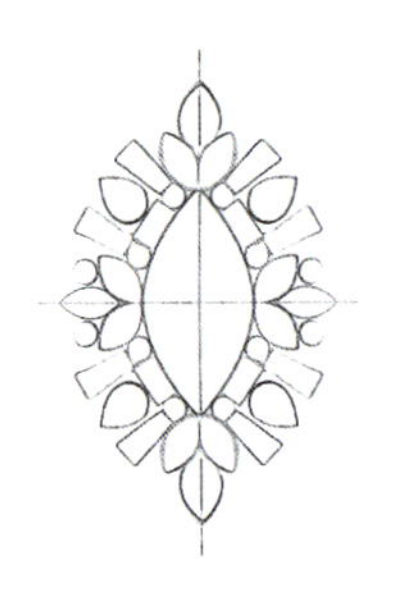

不对称排列设计作图步骤

1 任意聚焦3~5个宝石形状，然后在纸的背面画出轴线作为图形调整的辅助参考线，在两个宝石形状之间再插入宝石形状。

2 考虑到均衡性，在两个宝石形状之间再插入宝石形状。

3 还可以继续第二个步骤继续在两个宝石形状之间再插入宝石形状，或者就此完成。

对称排列设计作图步骤

画一条曲线，然后沿着曲线排列马眼形或者梨形的宝石，使其像树叶一样有律动的排列。注意，在排列非轴对称宝石时，看起来像无章法可言，但实际上有一种不平衡轴线的均衡原理，这需要经常去观察生活，从中领悟，另外在形式上还需要注意避免拥挤。

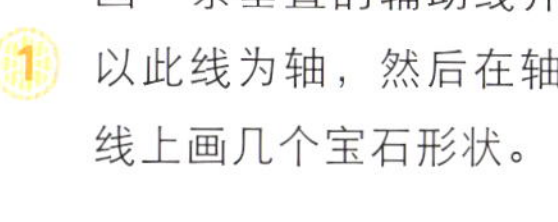

1 画一条垂直的辅助线并以此线为轴，然后在轴线上画几个宝石形状。

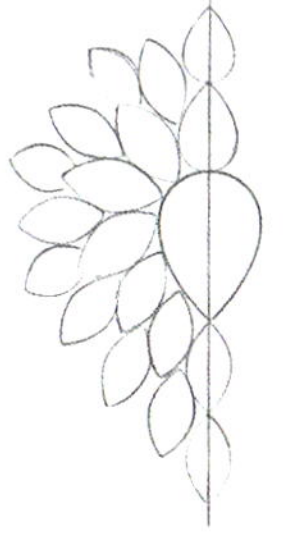

2 以轴为中心线将纸外折做对称性的排列，为避免轴线方向两端出现对立情形而降低动感，因此在排列宝石时先在轴线的一侧进行排列。

3 在轴线的另外一边画出对称的宝石排列，整图完成之后可根据情况需要在有空隙的位置加上宝石。

不平衡轴线的均衡宝石排列设计图例

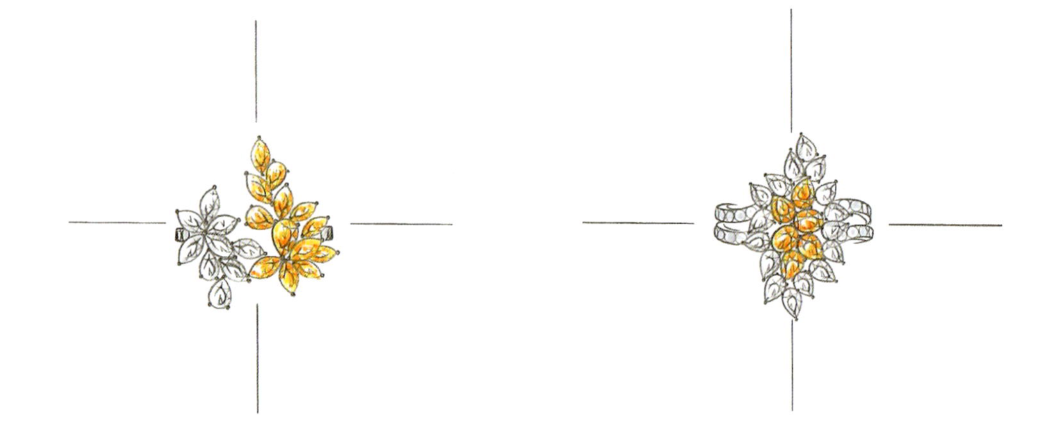

思考练习

根据造型上的方向感和宝石排列设计作图，做一些宝石排列设计练习。

宝石排列设计欣赏

（为香港JK珠宝提供专属设计）

第24章 新系列产品的研发

学习目标：通过本章的学习，读者可掌握的知识有

1. 新系列产品的研发
2. 高级珠宝定制流程
3. 设计案例分析

如何才能成为一名伟大的珠宝设计师？首先，你要做一名优秀的人；再勤奋练习，成为一名珠宝设计师；再坚持勤奋学习，成为一名伟大的珠宝设计师。——黄湘民

近年来，随着加工原料和劳动力的成本不断上涨，工厂的利润也越来越薄，客户对每一件产品的价格都掌握在“金、工、石”上。在这种情况下，做好珠宝产品的设计研发工作，笔者认为这是珠宝设计公司的出路。因为金价已经非常透明，钻石的价格也是如此，工费大家都差不多，仅设计费却还各有偏差，从几十元到几千元，甚至上万元一个的设计费并不罕见。因此只有在设计上多做文章，赋予珠宝文化、情感，使珠宝不再是冰冷的石头，才是珠宝设计市场应有的出路。

一、新系列产品的研发

市场调查

要设计好的珠宝产品，先要结合市场构思推广概念。因此要了解市场需求，而这个推广的概念一定要正好是珠宝产品的情感诉求点，有了这个诉求点，才可以打动客户，激起客户消费的欲望。

产品定位

根据市场调查的结果确定销售对象、市场和价格。

设计师们在设计之前，必须要有一套非常清晰的文字描述资料，一般归纳为：产品的目标消费群体（购买者的年龄、经济收入、个性偏好），价格的定位（金重、钻石质量大小），概念的定位（是时尚个性的还是婚庆系列），产品的特征（包括设计元素）等。有了这些清晰的框架和轮廓，设计师们才能胸有成竹。

系列产品的设计

在确定产品定位后，接下来是挖掘情感和文化的内涵，以何种模式和概念来指导设计，让设计师再围绕主题展开设计，这样就避免了所设计出来的款式缺乏主题、针对性及统一性。

系列吊坠珠宝

市场推广

在这个信息化时代，需要让别人知道有什么，有多少，要用款式和产品内涵来吸引客户，再用服务留住客户。现在对于客户来说，有好的款式和产品文化远比工费低廉更具诱惑力。产品如何推向市场，需先对产品进行包装，为它注入文化和情感。产品本身是没有情感的，要通过一系列的包装，让产品活起来，不仅是一件装饰品，更是一种情感和精神的寄托。

现在是眼球经济时代，只有不断重复出现在眼前的信息或画面，才能使客户更深刻地记住，所以在推广产品的时候只有主题性、系列性、延续性的推广，才能起到更好的推广效果。主题性是为求统一，系列性能强烈区分和细分产品和市场，延续性则能强化印象和记忆。系列性地推广产品，不是简单地取个名，然后编些风花雪月的文字烘托一下，而是要具备一定的深度和内涵，贯穿主题和概念，彰显出产品的独特个性魅力。在推广产品本身的同时，更是在推崇一种生活态度和情感文化。

部分新系列产品的设计展示

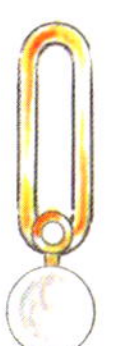
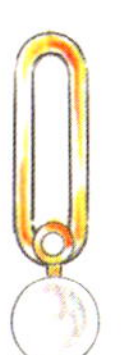

二、高级珠宝定制

就像高级服装定制在时尚领域享有崇高地位一样，珠宝定制也不例外。选择高级珠宝私人定制与购买成品珠宝最大的区别，就在于顾客可以根据自己的需求和设计师进行沟通，顾客的生活背景、年龄、性格等特点都会成为设计师设计珠宝时的灵感。一款专门符合顾客身份且世界上独有个性的珠宝首饰设计与大规模生产有本质上的区别。

定制的意义

顾客根据自己的需求和爱好，或者根据不同宝石的含义，选择自己钟爱的宝石。要找一位能满足自己需求的珠宝设计师，两者之间要建构起信任和了解才能设计出完美的珠宝。笔者就是那位值得你们信任的珠宝设计师。

在高级珠宝私人定制里，顾客的想法很重要。在与设计师交流的过程中，要尽量向设计师表达清楚自己的想法，喜欢什么风格的珠宝，喜欢哪种材质的首饰，甚至也可以亲自画出一份草图，供设计师参考。设计师会在与顾客交流的过程当中，为顾客定下设计方向。接下来就是设计图的绘制，设计师会根据顾客的需求手绘出其心目中所需珠宝的草图，经过反复的沟通、修改后，最终确定最满意的设计方案，再经过繁复的工艺，最终制成成品。

高级珠宝私人定制的珍贵，不仅在于独一无二，还在于其中包含制作者制作时沉淀其中的温情，使珠宝不再只是冰冷的石头和材料，更多的是它的“人性化”。高级珠宝的定制，因其区别于流水线的独特魅力，具有极为珍贵的收藏价值和纪念意义，还能最大程度地表达和珍藏个人的情感。

珠宝定制的问题

在笔者从事珠宝设计工作期间里，觉得太多顾客都缺乏耐心，虽然他们知道私人定制的珠宝好，但是他们等不及。顾客问得最多的一句话就是：“我什么时候能拿到。”

珠宝的诞生本身就是一个需要漫长等待的过程，何况是私人定制呢？半年甚至近一年，都属正常的。等待属于自己的珠宝诞生，就像在等待自己的宝宝出生。等待，是对珠宝装盒那一天越来越浓的期待，是对珠宝越来越多的喜爱。

世界上有很多设计师，留名的大师级设计师是能将自己独特的个性以及自己的思想融入设计作品中，而职业珠宝设计师不一样，他们的设计成功与否取决于作品是否体现出顾客的心声。设计师暂时舍弃了自己的个性，是对顾客的奉献。

三、案例分析及设计过程

[案例]

客户要求：设计一款金鱼的胸针，材质不限。

设计过程：

（1）了解客户的设计要求。包括客户的基本信息、产品信息、款式信息及其风格喜好等。

（2）分析信息。分析客户的各种信息，制定出有效的设计方案。

（3）进行设计工作。通过前期的各种分析和构思，进行绘图。

（4）完成图样并与客户沟通或进行修改。

1 根据客户要求画出草图，设计过程中要考虑生产性和实用性等问题。

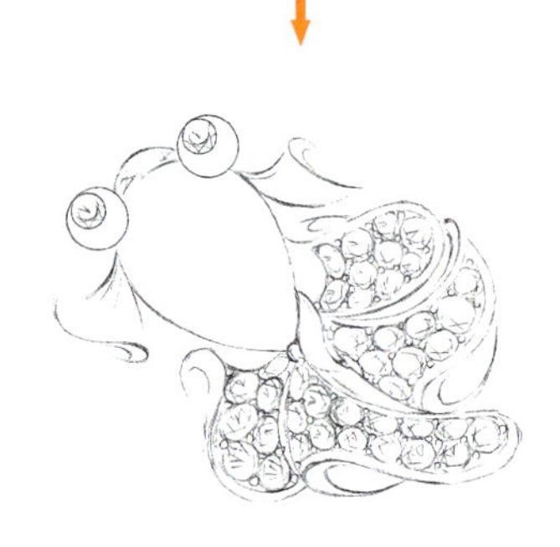

2 根据草图进行细节修改和刻画，然后进行排石，最后画出宝石镶嵌的方式。

3 用彩色铅笔上色，绘出效果图，注意颜色的搭配及渐变色的过渡要自然。

思考练习

高级珠宝定制与商业珠宝有何区别？尝试找一个私人定制案例进行设计练习并估算出成本价格。

246

第25章 橙子联盟部分获奖作品欣赏

没有学习，人生就是一段孤独的旅程。——黄湘民

荣获第五届中国（深圳）国际珠宝首饰设计大赛二等奖（专业组）

荣誉证书

陈　敏：

经第五届中国（深圳）国际珠宝首饰设计大赛评审委员会评定，您提交的作品《生命的孕育》，被评为专业组

二　等　奖

特发此证。

第五届中国（深圳）国际珠宝首饰设计大赛组委会
二零一七年九月十四日

编号：2017A205

《生命的孕育》设计说明

每个人都是父母爱的结晶，是他们体内精华的结合体。此设计的雏形就是体现这一受精过程：新的生命开始孕育，充分展现生命的神奇。人的一生应当怎样度过？当他回首往事时，不因虚度年华而悔恨，也不因碌碌无为而羞耻。

荣获第五届中国（深圳）国际珠宝首饰设计大赛优秀工艺奖（专业组）

荣誉证书

广州市金橙珠宝设计有限公司：

经第五届中国（深圳）国际珠宝首饰设计大赛评审委员会评定，您提交的作品《生命的孕育》，被评为专业组

优秀工艺奖

特发此证。

第五届中国（深圳）国际珠宝首饰设计大赛组委会
二零一七年九月十四日

编号：2017A205G

荣获第六届中国（深圳）国际珠宝首饰设计大赛二等奖（专业组）

荣誉证书

HONORARY CREDENTIAL

陈　敏：

经第六届中国（深圳）国际珠宝首饰设计大赛评审委员会评定，您提交的作品《丝绸之路》，被评为专业组

二等奖

特发此证。

第六届中国（深圳）国际珠宝首饰设计大赛组委会

二零一九年九月十一日

编号：2019A148

《丝绸之路》设计说明

长河落日，大漠孤烟，驼铃犹在耳，壁画刻心间。浪花瑞卷，紫气东来；茫茫戈壁，漫漫黄沙。一条轻盈曼妙的丝绸，犹如一条满载着辉煌的古道，穿越汉唐明清，点亮东西文明，使多民族、多种族、多宗教、多文化在此交会融合。它印证着中华文明千年的繁华，承载着崭新的文化，绽放着文明的绚烂之光，更传承着不畏艰险、奋勇向前的精神和力量。

荣获第六届中国（深圳）国际珠宝首饰设计大赛优秀工艺奖（专业组）

荣誉证书

HONORARY CREDENTIAL

香港凤求凰珠宝有限公司：

经第六届中国（深圳）国际珠宝首饰设计大赛评审委员会评定，您提交的作品《丝绸之路》，被评为专业组

优秀工艺奖

特发此证。

第六届中国（深圳）国际珠宝首饰设计大赛组委会

二零一九年九月十一日

编号：2019A148G

黄素玲荣获第六届中国（深圳）国际珠宝首饰设计大赛三等奖（专业组）

《你若盛开，蝴蝶自来》设计说明

酒香不怕巷子深，花好蝴蝶自飞来。一生中总会有风雨兼伴，只有不断地修炼，挣脱束缚，提升自己，保持本心择一事，终一生，努力地绽放自己，才能飘香千里，引蝴蝶款款而至。

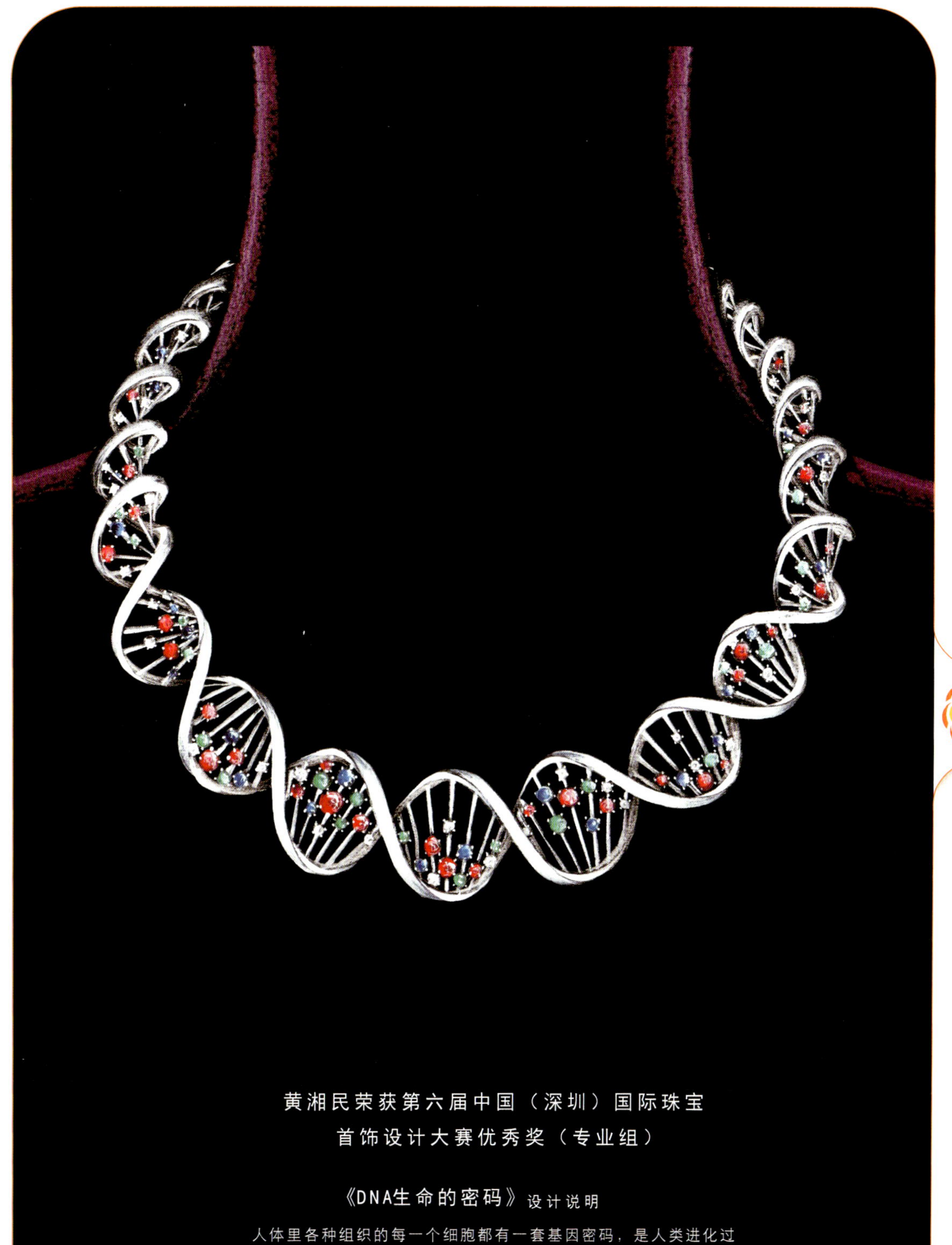

黄湘民荣获第六届中国（深圳）国际珠宝
首饰设计大赛优秀奖（专业组）

《DNA生命的密码》设计说明

人体里各种组织的每一个细胞都有一套基因密码，是人类进化过程中，长期积累的生命活动进化的信息结晶。用最原始的DNA来体现对生命的尊重，是对自然杰作的由衷赞叹。

荣获2018年JMA国际珠宝设计比赛 公开组II优异奖

《起舞争辉》设计说明

抬望眼，仰天长啸，肆意舒展着轻盈的羽翅，自信和乐观地讴歌。在有限的生命里，充满着无限的活力和激情，与落日争辉，绽放出生命最美的姿态。

《起舞争辉》成品实物

荣获第二届“招金银楼杯”珠宝首饰设计大赛“三等奖”

《琴树》设计说明

梅花树设计成古琴外形，凌寒独放的梅花和造型独特的乐器相映成趣，鸣声清脆的鸟儿在枝头演奏它的情歌，等待属于它的幸福。

《琴树》成品实物

黄湘民荣获2015年中国首饰设计
“红棉奖”金奖

《秘密花园》设计说明

漫步花园邂逅璀璨的珠宝，优雅的树叶，晶莹剔透的花瓣，自然一直赋予着我们各种思想，时而将柔和淡雅的春日色彩呈现，时而又是奢华亮丽的夏日色调，犹如一座迷人的秘密花园。

陈敏荣获2015年中国首饰设计
“红棉奖”银奖

《森林情话》设计说明

一阵微风，你我迷失在森林。在这个童话般美妙的地方，谢谢你带给我奇遇，我想要一直守护你，快乐的生活永远不分离。

陈敏荣获第二届上塘银饰珠宝
创意大赛“金奖”

《传承耳环》设计说明

此款耳环设计理念来自我国从古至今建筑的演化过程，体现着每一个时代工匠的智慧以及精神。他们精益求精的精神，是一个时代的标志，见证着每一个时代的繁华。耳环上采用具有中国传统特色的珐琅工艺，逐渐演变到现今的镶嵌手法。传统与现代文明的融合，认真细致的态度，将精益求精的精神代代相传。

黄湘民荣获2017年囍福结婚金饰国际设计大赛二等奖

《和谐》设计说明

囍，在婚礼中代表着两个人互盟结合、不离不弃、白头偕老的誓言，是婚礼中传统的吉祥图案，也有融合、和谐、美满之意。此套设计采用囍字和红尖晶两种元素，逐渐融合在一起，意味着两个由于生活习惯、文化差异等的不同，在甜蜜与争吵中渐渐的磨合相融。

黄湘民荣获2019年绿色中国70年华诞珠宝设计大赛银奖

《结艺》设计说明

中国的传统绳结艺术，渊源久远，“结”给人团圆、亲密、温馨、安定的美感。用橄榄石与红宝石镶嵌，项链的工艺表现绳结艺术，更具有生命力的形式美，在弘扬了传统文化的同时，又做到了与现代艺术相结合。

黄湘民荣获2019年绿色中国70年华诞
珠宝设计大赛银奖

《期待收成》设计说明

小麦新种而破土，孕育出翠绿新芽，天气日渐和暖麦穗成形，鸟儿在渐黄的麦穗上等待，沐浴和煦的阳光，一切美好都在田野中迷漫，预示着收获的季节行将而至。用橄榄石表现未熟的麦穗，而麦穗又象征着新生、富饶、繁荣，表达对祖国70周年的美好愿景。

橙子第十三期学员王淼

荣获第六届中国（深圳）国际珠宝首饰设计大赛优秀奖（专业组）

《华之韵》设计说明

由于个人比较迷恋旗袍穿上身情不自禁的端庄优雅姿态，所以这件钻石项圈以此为主题。做了一个标志性的旗袍小立领设计；细节上运用了盘扣、葫芦等寓意福禄吉祥的传统元素；同时采用了粉色丝带、渐变色以及蓝绿撞色，将时尚气息与中国风融合，更贴近年轻消费者的喜好。

橙子第三期学员林栩婷

荣获第六届中国（深圳）国际珠宝首饰设计大赛优秀奖（专业组）

《柔韧如丝》设计说明

蜘蛛网看似纤细柔弱，但它的韧性却比钢丝更强，在经受过暴风雨的洗礼后依然完好如初。生活中有千锤百炼，但我们依然要保持如丝般的柔韧，热爱生活本身，方能看见雨后晶莹剔透的水珠。

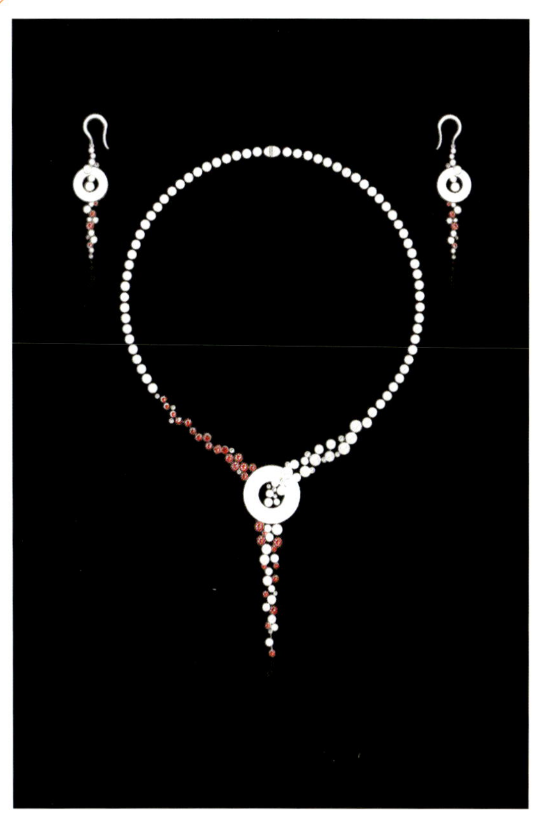

橙子第十五期学员邢贞贞

荣获山下湖珍珠创意大赛
优秀奖

《大珠小珠落玉盘》设计说明

创意来源于唐代诗人白居易古乐唐诗《琵琶行》名句：嘈嘈切切错杂弹，大珠小珠落玉盘。喻意中国古乐清脆悦耳，佩戴如乐音流动。融合和田玉、高品质珍珠，寓意将中国东西部文化结合。中部和田玉平安扣，采用传统玉雕工艺雕琢。钻石包镶，珍珠、红宝石、爪镶错落有致，与和田玉连接在一起，上半部分为珍珠串珠项链，塑造出灵动的效果。

橙子第十期学员李星瑶

荣获第一届上塘银饰珠宝
创意大赛纪念奖

《光耀大地·有凤来仪》设计说明

这是一款发钗。凤凰象征喜庆、高贵，为中华民族百鸟之王。“有凤来仪”寓意吉祥的征兆，翩然而至的凤凰口中衔着明灯，更寓意给大地带来光明、温暖，同时也以凤喻为妈祖娘娘的形象，给人民、大地带来希望、祝福，永远庇佑一方人民的安康、喜乐。

橙子第六期学员叶翠

荣获中国翡翠神工奖

铜奖

《涅槃》设计说明

凤凰涅槃，浴火重生。历经苦痛，不为人知；但展翅，便能够翱翔于天地之间。要相信那些无人问津的沉默岁月，都是往后涅槃重生的铺垫。保持初心，砥砺前行。人生需要置之死地而后生的勇气和涅槃重生的生命力。经历无数次的挫折和逆境，能走过来，身心都将会焕然一新，变成一个全新的自我。

橙子第七期学员巩雨晴

荣获招金银楼杯第一届国际黄金

珠宝首饰设计大赛优秀奖

《人鱼有泪》设计说明

传说美人鱼是没有灵魂的，一旦爱上就会终其一身，守卫爱情。在感情世界里，我们都像那执迷的人鱼，但为爱奋不顾身是本性，因为爱是包容是奉献，没有规则也没有界限。愿你我都能像深海的美人鱼一样，即使化为泡沫，也要勇敢坚定的去爱。

橙子第七期学员吴蓉璟

荣获招金银楼杯第一届国际黄金
珠宝首饰设计大赛优秀奖

《海纳百川》设计说明

大海，宽容而博大，拥有广阔的胸怀，海纳百川。时而宁静致远，时而激情澎湃。热情洋溢饱含着生命的力量，未来充满希望。

橙子第五期学员孙莉庭

荣获招金银楼杯第一届国际黄金
珠宝首饰设计大赛优秀奖

《柳暗花明》设计说明

以杏树的生命力为缘起的设计概念，深根性，喜光，耐旱抗寒，适应性强。“柳暗花明”就是暗喻着其花虽小，不张扬，但即使是在石缝中生存也一样要把根深深地扎进每一条缝隙中。

橙子第六期学员赵婧羽

荣获招金银楼杯第一届国际黄金
珠宝首饰设计大赛优秀奖

《四月云螭》设计说明

才女林徽因有一首著名的诗——《你是人间的四月天》，四月，正是暖阳交舞，花开烂漫的时候。就如同“一带一路”倡议的政策，自中国至世界，遍地开花，风头正盛。云螭即是龙，是中华民族传统文化中最具代表的意象，用四月盛开的桃花点缀傲然凌空的云螭，预示着在“一带一路”倡议的引领下，中华民族定会腾飞富强，焕发盎然生机。

橙子第十一期学员吴诗莉

荣获招金银楼杯第二届国际黄金
珠宝首饰设计大赛优秀奖

《希望之光》设计说明

北极光灵感希望之光，希望佩戴者能充满正能量迎接每一天的挑战。里面用了刚与柔、希望带出外刚内柔的心。

橙子第十三期学员王瑜

荣获招金银楼杯第二届国际黄金

珠宝首饰设计大赛优秀奖

《晓窗听月》设计说明

仲秋弥香入心脾，阁台窗下酒诗棋，缈远对饮邀明月，半视朦胧倚窗台。中秋节是中国传统节日，又可称“团圆节”。这一天，人们与家人团聚一起吃一顿团圆饭，对国人来说，有着特殊的意义。作品整体以中国古典建筑中的花窗为形，象征家人团聚，祥云上的珍珠代表八月十五的圆月，珍珠的光泽代表皎洁月色，一株金桂枝代表了秋季是丰收的季节，人们收获硕果。作品表达了设计师对中秋的祝福以及家家户户团团圆圆，一帆风顺的美好祝愿。

橙子第九期学员袁小娟

荣获招金银楼杯第二届国际黄金

珠宝首饰设计大赛优秀奖

《迷漫的花藤》设计说明

缠绕的叶枝，盛开的花朵，寓意花好月圆，抒发浓郁深厚的情感。愿花长好，人长健，月长圆。

橙子第九期学员张铁城

荣获招金银楼杯第二届国际黄金
珠宝首饰设计大赛优秀奖

《待归》设计说明

春节与情人节相近，“归”与“瑰”同音，待归，一语双关，既可指等待亲人从远方归来，又可指远方的自己“待我归来”的归心。

橙子第十三期学员周倩

荣获招金银楼杯第二届国际黄金
珠宝首饰设计大赛优秀奖

《爷爷，春夏秋冬我都陪着你》设计说明

作品外圈上的四个方向花朵为桃花、莲花、菊花、梅花，代表一年的春天、夏天、秋天、冬天。中心吊挂的圆月采用镂空手法，突出戴头花的兔孙女伴着拄拐杖的兔爷爷，以弘扬中华民族的传统美德——尊老。设计师认为尊老最好的方式即一年四季都陪伴在他们的身边。

橙子第十二期学员周晶

荣获招金银楼杯第二届国际黄金

珠宝首饰设计大赛优秀奖

《绮窗含影》设计说明

灵感来源于插花艺术和苏州园林的窗棂。树枝纹理采用手工雕蜡，黄金叶片用拉丝金勾纹理，叶片用钻石钉镶。

橙子第十九期学员潘烨

荣获招金银楼杯第三届国际黄金

珠宝首饰设计大赛优秀奖

《盼·归来》设计说明

灵感来自被烧毁的巴黎圣母院的玫瑰花窗，花窗选用了十二等份，寓意一年十二个月，四朵四叶草象征了春夏秋冬四季，四叶草寓意吉祥幸运。以此纪念圣母院，也期待早日修复完成！所有失去的都会以另一种形式归来。

橙子第六期学员叶翠

荣获招金银楼杯第三届国际黄金
珠宝首饰设计大赛优秀奖

《中国活字印刷》设计说明

汉字是中国最重要的古代文化成果之一，活字印刷术的出现为汉字传播起到很重要的作用。本条项链灵感来自活字印刷的字模，每个字都是反写隶书，选择了“和”“诗”“之”“正”等比较有代表性的汉字，寓意“以和为贵，以人为本，传承文化”。

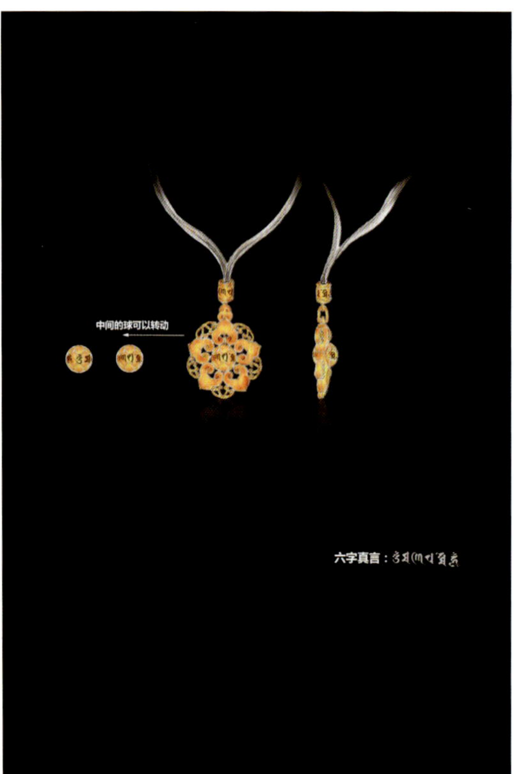

橙子第十八期学员陈思

荣获招金银楼杯第三届国际黄金
珠宝首饰设计大赛优秀奖

《祥瑞祈福》设计说明

作品灵感来自于中国古代纹饰中提炼出吉祥纹样，寓意福寿绵延，安康吉祥的美好愿望。中间转运珠可转动，并配有六字真言，代表祈愿、幸运、梦想成真。

橙子第十八期学员徐晓飞白

荣获招金银楼杯第三届国际黄金
珠宝首饰设计大赛优秀奖

《堂皇》设计说明

灵感主要源自宫廷建筑的屋檐廊房。在突显皇家风格的基础上加入牡丹、莲花的元素，并加上金丝相互缠绕的造型，体现出女性的气质魅力，在穿旗袍或中式古典服装时佩戴，衬托出佩戴者的雍容贵气。

橙子第十六期学员孙晓芳

荣获招金银楼杯第三届国际黄金
珠宝首饰设计大赛优秀奖

《阴阳》设计说明

灵感源自中国八卦，牡丹花和鲤鱼在阴阳八卦上轮回变换。阴阳是各种事物孕育、发展、成熟、消退、轮回的自然规律，更是中国博大精深的文化传承。

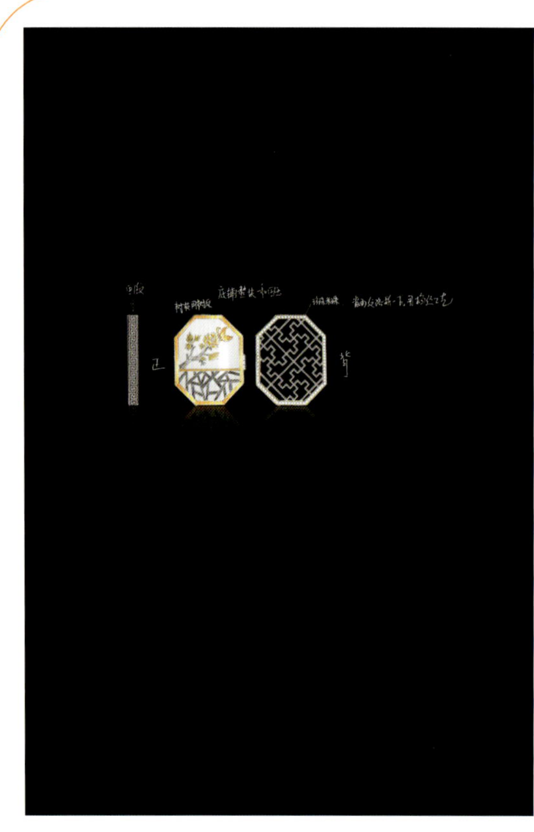

橙子第十八期学员周雪纯

荣获招金银楼杯第三届国际黄金
珠宝首饰设计大赛优秀奖

《珠联璧合》设计说明

中国古时候的女子并不用香水，她们使用香盒（香囊），用玉、金等做成的小盒子。当挂件，当腰链、项链，佩戴时提神、驱邪、留香、清新空气。

此款吊坠香盒为两用款，运用了传统古典纹样与图案，让古典与时尚相结合，做到古物新饰。有金，有玉，有珍珠，形似香盒，所以取名“珠联璧合”，不仅有色，更有香。正反两面皆可佩戴，内部可置放香料或者相片等，是实用又美观的珠宝。

橙子第十六期学员张旻

荣获招金银楼杯第三届国际黄金
珠宝首饰设计大赛优秀奖

《又见蝴蝶飞》设计说明

“东北蝴蝶西边飞，白骑少年今日归。”灵感来源于唐代诗人李贺的作品。此诗描写一位长期独处的少妇正在春风帐里入睡，年轻的丈夫外出远游终于归来的情景。前半句写少妇的眼前之景，蝴蝶飞舞既带来喜讯，后半句顺势导出“白骑少年今日归”。活灵活现地表明了少妇的贞好、孤寂和少年郎的潇洒不羁。

橙子第二十期学员王洁

荣获2019年绿色中国70年华诞

珠宝设计大赛优秀奖

《源》设计说明

瓷器（china）是中国的文化艺术体现。梅瓶形态优美，寓意平安，橄榄枝象征和平，用橄榄枝构造出梅瓶的形态，瓶中注入水滴，寓意生命源泉，是祖国母亲孕育着中华民族，献礼祖国70华诞，祝福伟大祖国平安吉祥，滴水之恩当涌泉相报！

橙子第十期学员郑星月

荣获第一届上塘银饰珠宝

创意大赛三等奖

《潮音普渡》设计说明

这是一款胸针、吊坠两用的设计作品。整体形象是由一圈海浪包围着的光圈和珠链组成。海浪象征着妈祖菏泽四海的福德，光圈代表着妈祖圣光普照万世，组成圣光的光圈和线条如同一条康庄大道，意味着通过“一带一路”倡议将妈祖的大爱精神传递到世界各地。

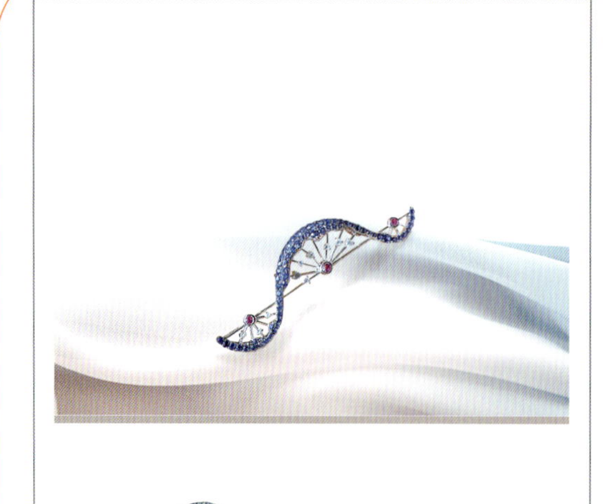

橙子第十三期学员尹恒

荣获第二届上塘银饰珠宝
创意大赛创意奖

《爱之律动》设计说明

爱，有激情四射，有平静如水，有波峰，有低谷。爱，始终如一！中轴直线代表爱你一如既往，永远如一；蓝宝石是罗马人乘船时的护身符，象征着幸福和希望。以蓝宝石作弧线，代表一生的守护，虽然生活的波澜有高有低，但始终围绕着爱。红宝石的点，代表生活的点点滴滴，爱的火花在原点产生。钻石与射线，是绽放的幸福！

主要参考文献

谢意红．首饰设计[M].长沙:湖南大学出版社，2008

田树谷．珠宝翡翠收藏入门[M].北京:印刷工业出版社，2011

邵萍．珠宝首饰设计手绘技法[M].北京:人民美术出版社，2007

申柯娅．宝石学鉴定实用宝典[M].上海:上海人民美术出版社，2014

张蓓莉，高岩，王曼君．珠宝玉石名称[M].北京:中国标准出版社，2010

李娅莉，李立平，薛秦芳，等．宝石学教程[M].2版.武汉:中国地质大学出版社，2011

特别感谢

在此，特别感谢古艺华、顾颖、张萍萍、孙莉庭、庄丽萍、冷杉、黄兰、黄茂华和程毅在编写本书过程中所提供的宝贵意见、建议和资料，以及繁琐的校对工作。

鸣谢单位

广州雅媛年华珠宝有限公司
广东省中创珠宝设计创意中心
卡亚蒂芙（北京）贸易有限责任公司
上海唯宝荟文化传播有限公司
深圳市玺金淳珠宝首饰有限公司
深圳庭笙珠宝艺术有限公司
深圳市千钻世家珠宝有限公司
广州市壹嘉文化传媒有限公司
深圳市富悦星珠宝文化传播有限公司
北京朗月荷珠宝文化有限公司
连云港珠珠水晶文化传播有限公司
四川乐恩乐达信息技术有限公司
毫设（上海）空间设计有限公司
内蒙赤峰慧-珠宝设计·定制工作室
重庆锦纨蝶上首饰设计工作室
阿古屋（青岛）国际有限公司

广州市番禺区珠宝厂商会
广州市誉宝首饰器材有限公司
广州宝莲灯珠宝有限公司
广州君怡珠宝有限公司
云南客谷商贸有限公司
大连菡瀚珠宝有限公司
瑷珂珠宝（常州）有限公司
和木记忆珠宝定制工作室
西安秦霓斋珠宝工作室
深圳时美珠宝有限公司
深圳亿辉珠宝有限公司
厦门万宝汇珠宝有限公司
北京荟赢艺术文化有限公司
武汉黄氏珍宝珠宝设计工作室
翠瑶玲珠宝私人定制（香港）
广州明媚珠宝有限公司

润知高级珠宝定制
衢州市七克拉珠宝
陕西丑石商贸有限公司
厦门珠光宝器珠宝定制
Fiona.Gu珠宝定制工作室
JuliaLiujewelry工作室
CLARKEM克拉克美珠宝
深圳邢博士珠宝
昆明市杰克尖晶
唐山市瑞琳珠宝
上海市明菮珠宝
无锡市宣臻珠宝
上海珍晶采珠宝
广州市灿星珠宝
Serena.S臻品坊
陈大福珠宝

扫码了解更多原创作品

淘宝号

微信号

公众号

微博号

图书在版编目（CIP）数据

橙子珠宝设计教材:手绘技法入门与实战/黄湘民等著.—武汉：中国地质大学出版社.2019.11
ISBN 978-7-5625-4619-1

Ⅰ.①橙...
Ⅱ.①黄...
Ⅲ.①宝石-设计-绘画技法-教材
Ⅳ.①TS934.3

中国版本图书馆CIP数据核字（2019）第224829号

橙子珠宝设计教材:手绘技法入门与实战 黄湘民 陈敏 黄素玲 陈韵宜 著

责任编辑：李应争 张琰 选题策划：张琰 责任校对：徐蕾蕾

出版发行：中国地质大学出版社（武汉市洪山区鲁磨路388号） 邮政编码：430074
电话：（027）67883511 传真：（027）67883580 E-mail:cbb@cug.edu.cn
经销：全国新华书店 http//:cugp.cug.edu.cn

开本：787毫米×1092毫米 1/16 字数：461千字 印张：18
版次：2019年11月第1版 印次：2019年11月第1次印刷
印刷：广州市彩源印刷有限公司 印数：1—2000册

ISBN 978-7-5625-4619-1 定价：198.00元

如用有印装质量问题请与印刷厂联系调换